无人系统技术出版工程

可变构型式地面无人平台机动性增强

Enhancing the Mobility of Unmanned Platform Based on Variable-Configuration Wheeled Driving System

王文浩　徐小军　徐海军　著

国防工业出版社

·北京·

内 容 简 介

本书主要介绍轮式地面无人平台构型设计和机动性研究方法。首先针对当前轮式地面无人平台存在的机动性瓶颈，设计了一种可变构型的轮式地面无人平台，之后以此无人平台为对象开展机动性研究。提出的地面无人平台机动性研究方法主要包括用于操纵稳定性分析的侧向动力学建模方法、越障性能数值计算模型和动力学仿真方法、整体牵引性能数值计算模型和 EDEM–Recurdyn 耦合仿真方法、车轮牵引特性土槽试验方法等。

本书所用的机动性研究方法可应用于各类轮式地面无人平台，为轮式地面无人平台机动性评估提供了分析依据，也可为轮式地面无人平台的构型设计人员提供参考。

图书在版编目（CIP）数据

可变构型式地面无人平台机动性增强／王文浩，徐小军，徐海军著 . —北京：国防工业出版社，2023.2
ISBN 978-7-118-12621-1

Ⅰ. ①可… Ⅱ. ①王… ②徐… ③徐… Ⅲ. ①地面平台-无人值守-操纵性 Ⅳ. ①TP73

中国国家版本馆 CIP 数据核字（2023）第 017934 号

※

*国防工业出版社*出版发行
（北京市海淀区紫竹院南路 23 号 邮政编码 100048）
天津嘉恒印务有限公司印刷
新华书店经售

*

开本 710×1000 1/16 插页 3 印张 10¼ 字数 175 千字
2023 年 2 月第 1 版第 1 次印刷 印数 1—1500 册 定价 80.00 元

（本书如有印装错误，我社负责调换）

国防书店：（010）88540777 书店传真：（010）88540776
发行业务：（010）88540717 发行传真：（010）88540762

序

近年来，在智能化技术驱动下，无人系统技术迅猛发展并广泛应用：军事上，从中东战场到俄乌战争，无人作战系统已从原来执行侦察监视等辅助任务走上了战争的前台，拓展到察打一体、跨域协同打击等全域全时任务；民用上，无人系统在安保、物流、救援等诸多领域创造了新的经济增长点，智能无人系统正在从各种舞台的配角逐渐走向舞台的中央。

国防科技大学智能科学学院面向智能无人作战重大战略需求，聚焦人工智能、生物智能、混合智能，不断努力开拓智能时代"无人区"人才培养和科学研究，打造了一支晓于实战、甘于奉献、集智攻关的高水平科技创新团队，研发出"超级"无人车、智能机器人、无人机集群系统、跨域异构集群系统等高水平科研成果，在国家三大奖项中多次获得殊荣，培养了一大批智能无人系统领域的优秀毕业生，正在成长为国防和军队建设事业、国民经济的新生代中坚力量。

《无人系统技术出版工程》系列丛书的遴选是基于学院近年来的优秀科学研究成果和优秀博士学位论文。丛书围绕智能无人系统的"我是谁""我在哪""我要做什么""我该怎么做"等一系列根本性、机理性的理论、方法和核心关键技术，创新提出了无人系统智能感知、智能规划决策、智能控制、有人–无人协同的新理论和新方法，能够代表学院在智能无人系统领域攻关多年成果。第一批丛书中多部曾获评为国家级学会、军队和湖南省优秀博士论文。希望通过这套丛书的出版，为共同在智能时代"无人区"拼搏奋斗的同仁们提供借鉴和参考。在此，一并感谢各位编委以及国防工业出版社的大力支持！

吴美平

2022 年 12 月

前　言

随着近年来机器人技术的高速发展,地面无人平台在灾难救援、警戒巡逻以及后勤运输等领域的应用更加广泛。相对于有人车辆,地面无人平台可以在更加复杂的环境下行驶。轮式地面无人平台具有行驶效率高、速度快、转向灵活等优点,成为近年来各国地面无人平台的发展重点。但轮式地面无人平台在越野环境下存在越障能力不足、软路面牵引性能差等机动性问题。围绕提升轮式无人平台的机动性,各研究机构试图通过构型创新来解决这些问题,其中,卡内基梅隆大学提出的纵臂式无人平台 Crusher 被公认为新构型轮式无人平台的典范,但该平台仍然存在侧向稳定性弱和转向机动性不足等问题。基于此背景,本书提出了一种基于传统双横臂悬架的轴距可变、底盘高度可变的全新构型轮式地面无人平台,通过构型变化突破轮式地面无人平台的机动性瓶颈。

与传统车辆不同,该地面无人平台的构型发生变化后,各轴轴荷也将随之发生改变,且无人平台在越野行驶过程中所面临的地形环境、障碍种类、土壤特性更加复杂多变,因此传统车辆的行驶理论与机动性分析方法已不能适用于地面无人平台。为此,本书在提出可变构型无人平台的基础上,研究了该平台的机动性,主要研究目的包括两方面:一是研究越野环境下地面无人平台机动性分析方法,分析构型变化对该地面无人平台机动性的影响规律;二是研究用于无人平台机动性增强的构型变化策略,并实现无人平台的机动性增强。

本书采用的机动性研究方法参考和借鉴了已有传统车辆的研究方法,在已有的研究基础上进一步拓展和深入,侧重于分析特殊工况和极限工况下的行驶性能。以跨越障碍为例,研究高度小于车轮半径的障碍足以满足传统车辆的分析需求,而地面无人平台则需研究通过各类复杂的障碍,包括高度大于车轮半径的障碍、宽度大于车轮直径的壕沟,因此需要在传统研究方法上扩展应用到更为复杂的环境中方能满足地面无人平台的分析需求。牵引性能研究方面一方面借鉴了越野车辆牵引特性的研究方法,采用离散元理论对土壤进行建模以追求更高精度的仿真模型;另一方面借鉴星球探测车的牵引特性研究方法,建立土槽试验平台,开展单轮牵引特性试验研究,融合越野车辆和星球探测车两种研究方法的特点弥补各自的不足。

机动性的研究和分析只是手段而不是目的,机动性研究是为了深刻认识影响和限制地面无人平台机动性的因素,通过分析总结找到突破机动性瓶颈的可行方法。为此,本书在每章总结分析之后相应提出了增强地面无人平台的机动性行驶策略。策略的有效性需要通过试验进行验证,本书开展了部分验证试验,验证了所提策略的有效性,后续还需继续深入试验研究,以弥补仿真精度的不足,促进地面无人平台机动性理论的进步。

地面无人平台行驶理论涉及的领域较广,包括地面力学、车辆动力学、轮胎力学及计算机仿真,本书试图将这些理论融合形成系统的分析体系,由于作者理论水平有限,书中难免有不严谨之处,敬请广大读者批评指正。

作 者

2021 年 6 月

目　录

第1章 绪 论

1.1 背景及意义

轮式地面无人平台具有行驶效率高、噪声小、隐蔽性好和转向机动性强等优点,缺点是接地面积小,相对履带式地面无人平台而言,承载能力和地形适应能力较差。为解决轮式地面无人平台的机动性缺陷,国内外研制了多种可变构型的行驶系统,此类可变构型行驶系统可通过悬架主动调节车架姿态,也可主动调节各轴之间的轴距,结合车架姿态变化和轴距的变化实现构型变化。行驶系统可变构型的特点使得轮式地面无人平台能更加灵活地面对复杂多样的地形环境,在保证转向机动性和行驶效率的同时提高了越障能力和地形适应能力,进而实现机动性增强。

现有的可变构型无人平台以 Crusher 系列无人平台为典型代表,均采用了单纵臂式独立悬架。单纵臂式独立悬架的特点是地形适应能力和抗纵向冲击能力较强,但侧向稳定性和侧向抗冲击能力较差。此外,采用单纵臂式悬架的轮式无人平台只能通过差速实现转向,然而差速转向控制复杂,且在硬路面上转向时轮胎磨损严重,因此目前已有的可变构型无人平台在机动性方面仍存在明显不足。基于以上背景,本书以某研究项目为支撑,提出一种新的可变构型行驶系统,该行驶系统采用双横臂独立悬架,通过轴距变化和车轮高度变化实现行驶系统的构型变化,在面对复杂地形时利用构型变化实现机动性增强。

地面无人平台机动性是指无人平台在各种地形条件下机动行驶的能力,主要包括越野行驶时的越障能力和牵引能力,以及结构化路面行驶时的操纵稳定性和快速持续行驶的能力。目前的机动性研究大多以传统有人车辆为研究对象,所用研究方法的适用范围限于结构化道路和常见土路面。而轮式无人平台需行驶在更加复杂多变的环境中,地形变化和道路松软程度均不可预知,因此传统车辆的机动性研究方法不再适用于轮式无人平台,一种能用于评估轮式无人平台机动性的研究方法亟待提出。此外,本书提出的行驶系统由于其构型可变的特点,不同构型下所表现出的机动性必然有所差异,在不同行驶环境下如何调节行驶系统构型以提高无人平台机动性亦是亟待解决的问题。基于此,本书在提出可变构型无人平台后对其机动性问题开展了研究,提出了可用于轮式地面无人平台的机动性研究方法,分析了行驶系统不同构型对无人平台操纵稳定性、越障性能及牵引性能的影响,研究得出不同操纵环境和不同通过性目标下的构型变化策略,通过构型变化实现无人平台的机动性能增强。

1.2 轮式地面无人平台发展概述

自 20 世纪 80 年代开始,根据军事技术发展需要,美国国防高级研究计划局(DARPA)提出要研制能够进行自主导航、避障和路径规划的地面无人平台,并制订了相关计划,拉开了全面研究地面无人平台的序幕。随后其他国家也纷纷投入力量研制地面无人平台,时至今日,地面无人平台仍是研究热点。我国对地面无人平台的研究起步虽然较晚,但近 10 年来发展迅速,研制了多种轮式地面无人平台[1]。

随着对地面无人平台研究的深入,学者们发现履带式地面无人平台的行驶效率和转向性能难以改善,腿式和复合式地面无人平台在控制方面和承载能力上又存在难以突破的瓶颈。相比之下,轮式地面无人平台在行驶效率和转向性能方面的优势非常明显,且在越障性能和牵引性能方面仍存在较大的改善空间。因此各国纷纷针对轮式地面无人平台在越障性能和牵引性能上的不足,研制出多种不同于传统车辆构型的轮式地面无人平台。目前的主要方法是通过增加驱动车轮数量增强轮式无人平台的牵引性能和承载能力,以及通过构型变化来提高轮式无人平台的越障性能。

本书研究的目的是提高轮式地面无人平台的机动性,因此本书仅对采用轮式行走机构的地面无人平台的相关文献进行综述,不再罗列履带式、腿式及履腿复合式等地面无人平台的文献。

▶ 1.2.1 传统车辆改造的轮式地面无人平台

轮式地面无人平台的研制早期主要以传统车辆改造为主,1992—2002 年,DARPA 和美国陆军研究实验室(ARL)通过 DEMO Ⅰ、DEMO Ⅱ和 DEMO Ⅲ计划先后研制了数十辆基于普通轮式 4×4 底盘的实验型无人平台[2-3],用于研究地面无人平台在复杂环境的环境感知和自主导航能力,DEMO Ⅲ无人平台如图 1.1(a)所示,其在公路上的最大行驶速度可达 60km/h,最大越野速度为 35km/h。Guardium 是由以色列 G-NIUS 开发的地面无人平台,如图 1.1(b)所示,Guardium 的底盘与传统汽车底盘类似,采用双横臂悬架,通过转向机构驱动前轮偏摆实现转向。主要性能参数为:长 2.95m,宽 1.8m,高 2.2m,重 1.4t,最大速度 80km/h,最大负载 300kg,可连续工作 24h[4]。图 1.1(c)是由通用动力机器人系统公司研制的轮式无人平台 MDARS,它是一种以柴油发动机为动力、由液压驱动的 4×4 轮式地面无人平台[6],用于半自主侦察监视与巡逻,自重 1360kg,整车尺寸(长×宽×高)为 2.92m×1.6m×2.52m,最大速度为 32.1km/h,续航时长 16h。TerraMax 是 Oshkosh Defense 在某型有人驾驶车辆基础上开发的地面无人车辆,如图 1.1(d)所示。该无人车驱动形式为 4×4,采用了传统的横臂悬架,底盘结构强度大,承载能力强,能承受较大的冲击载荷,可用于高风险地区的侦察任务和货物运输[7]。由卡内基梅隆大学研制的后勤保障无人车 Cargo 如图 1.1(e)所示,由一种货物运输卡车改造而来[8],保留了传统卡车的动力系统和机械传动,承载能力和动力性能较强,但动力系统的行驶噪声较大,隐蔽性较差。整车由 6 个大尺寸越野轮胎提供动力,具备较好的野外行驶能力。

(a) DEMO Ⅲ　　　　(b) Guardium　　　　(c) MDARS

(d) TerraMax　　　　(e) Cargo

图 1.1　基于传统车辆改造的轮式无人平台

传统车辆在动力系统和行驶系统上的技术较为成熟,因此由传统车辆无人化改造而来的无人平台结构可靠性高,研制成本小。但遗留了传统车辆地形适应能力差的缺点,较少的驱动轮数和较低的底盘导致了越障能力和牵引性能差强人意。

▶▶ 1.2.2　全地形轮式地面无人平台

全地形轮式无人平台的特点是采用 6×6 或 8×8 的全轮驱动底盘,相比于四轮无人平台增大了车轮与地面的接触面积进而提升了牵引性能和承载能力。SMSS 轮式地面无人平台主要用于后勤运输,如图 1.2(a)所示[9-10]。它采用美国 PFM 制造公司生产的 6×6 型 Land Tamer 轮式车底盘,机动性能良好。主要性能参数为:满载质量 2.5t,净重 1.9t,可载重 0.6t,可越宽 0.7m 的壕沟,越障高 0.6m,最大行程 483km,正常行驶速度为 26km/h。

图 1.2(b)所示为捷克 VOP CZ 公司研制的六轮地面无人平台 TAROS-V2,该无人平台主要用于复杂环境下的后勤保障,外形和功能应用均仿照无人平台 SMSS。车身长 2.74m,宽 1.77m,底盘高度可调,整车最大高度 2.54m,最低高度 2.05m,净重 1.4t,采用独立悬架,每个轮子由一个 4.8kW 的电机驱动,每个轮子都可以实现独立转向,采用混合动力系统作为动力源[11]。

2017 年阿布扎比国际防务展上,乌克兰展示了其生产的多用途轮式地面无人平台 Phantom[12],如图 1.2(c)所示,该无人平台采用 6×6 全轮驱动底盘和双横臂独立悬架,支持无线(最大距离 2.5km)和有线光缆控制(最大距离 5km),带有 30kW 混合动力发动机,全车长 3m,宽 1.6m,高 1m,重 1t,可载重 350kg,续航里程 20km,最大行驶速度 38km/h,涉水深度 500mm。

新加坡国防公司 ST Kinetics 研制的 Jaeger 系列地面无人平台包括 Jaeger 6 和 Jaeger 8 两种类型。Jaeger 6 如图 1.2(d)所示,Jaeger 6 为 6×6 驱动形式,整车长 2.5m,宽 1.5m,高 0.8m,重 750kg,可携带 250kg 载荷,动力系统可提供长达 48h 的续航能力,最大速度为 16km / h[13]。

Gladiators 系列地面无人平台有履带式和轮式两种,Gladiators 轮式地面无人平台如图 1.2(e)所示,由卡内基梅隆大学研制,重约 1271kg,长 1.03m,宽 1.3m,高 1.5m,有效载荷可达 181.6kg,遥控距离 1.85km。其最大的缺陷是采用传统的机械传动和动力系统,行驶过程中机械噪声较大,隐蔽性较差[14-15]。

以色列汽车工业公司推出的 AMSTAF 无人平台如图 1.2(f)所示,主要用于执行警戒、边界巡逻、运输任务。AMSTAF 无人平台重 1.1t,长 2.5m,宽 1.5m,高 0.85m,采用混合动力系统,续航时间 16h,底盘采用 6×6 驱动,最大行驶速度为 20km/h,在搭载 350kg 载荷时能爬 37°斜坡,通过轮间差速器实现差速转向,转向机动性较好[16]。

在 2014 年珠海航展上亮相的"锐爪-1"小型履带式移动作战平台与"锐爪-2"6×6 轮式无人平台[图 1.3(a)]可协同使用,采用无线电远程遥控,遥控系统自带视频显示器、导航控制系统及远程操控台,良好的机动性能和可操控性使得其能够在各种复杂危险条件下执行任务[17-18]。

第十届珠海航展中,中国北方工业公司展示了其研制的班组任务支援平台,该无人平台是一款轻型轮式无人平台,如图 1.3(b)所示,主要用于后勤运

| (a) SMSS | (b) TAROS-V2 | (c) Phantom |
| (d) Jaeger 6 | (e) Gladiators | (f) AMSTAF |

图 1.2　六轮全地形轮式无人平台

输,可搭载班组人员及装备,也可执行搜索和巡逻等任务。该无人平台搭载增程式混合动力系统,采用 6×6 驱动,牵引性能较好,但由于采用刚性悬架,因此减震效果很差,越障能力一般,不适于在崎岖地形上行驶。

中国航天科工飞航技术研究院研制的 500kg 级别多用途小型无人平台如图 1.3(c)所示,采用轮毂电机的驱动方案,实现了行走机构模块化设计,采用了独立悬架,该无人平台还具有 4 个独立转向车轮,在非结构化环境中具有良好的机动性能与通过性能,最高行驶速度可达到 30km/h[19]。该型无人平台具有较小的体积与较高的承载能力,可搭配大型液压机械臂(末端负载 70kg),采用远程遥控方式,可在城市环境以及野外环境中执行救援和危险物排除等任务。

| (a) "锐爪"-2 | (b) 班组任务支援平台 | (c) 500kg 级别多用途小型无人平台 |

图 1.3　国内六轮全地形地面无人平台

图 1.4(a)所示为俄罗斯 GNIITs RT 研究组织研制的 Argo 两栖轮式无人平台,其动力系统使用了柴油发动机,采用 8×8 全地形车底盘,具有较强的两栖横渡能力,多轮式结构便于其在各种地形中驰骋,可在山地、沙漠以及水网地形等

多种环境下执行任务[20]。主要性能参数为:满载质量 1t,长 3.35m,宽 1.85m,高 1.65m,可以连续工作 20h,陆地最大行驶速度 20km/h,水上最大航速5km/h。

Jaeger 系列的另一版本 Jaeger 8 无人平台如图 1.4(b)所示,车长 2.9m,宽1.5m,高 0.85m,可携带 680kg 载荷,遥控距离 1km,驱动形式为 8×8。Jaeger 8无人平台的混合电驱动系统由锂电池和柴油发电机组成,满载时行驶速度为16km/h,在纯电驱模式下可行驶 4h,而使用车载发电机充电的情况下续航时间可达 24h[21]。

中国兵器 218 厂研制的 Chrysor 轮式无人平台如图 1.4(c)所示,该无人平台是一台水陆两栖无人平台,可当作无人运输车、中继通信车、移动巡逻车甚至是两栖登陆攻击车等使用,Chrysor 为 8×8 全轮驱动,长 2.9m,宽 1.6m,高1.9m,净重 950kg,地面可负重 680kg,水面可负重 300kg。平整地面行驶速度最高可达 45km/h,水中行驶速度 4km/h,最大爬坡度 37°,最大抗侧翻角大于 40°,可越过 0.4m 高的垂直障碍和 1m 宽的壕沟[22-23]。较大的接地面积使得其牵引性能和承载能力极强,但车轮与车架之间是刚性连接,这使得其越障能力和崎岖路面行驶能力较差。

(a) Argo J8 XTR   (b) Jaeger 8   (c) Chrysor

图 1.4 八轮全地形无人平台

全地形轮式无人平台的特点是车轮与地面接触面积大,具有更强的牵引性能和承载能力,然而多轮驱动使得全地形无人平台大多采用差动转向,转向轨迹难以精确控制,转向机动性不如采用车轮偏摆转向的无人平台。此外,相比于传统车辆改造的轮式无人平台,全地形轮式无人平台的越障能力并没有得到明显提升,可通过垂直障碍的高度依然小于其车轮半径。而轮腿式移动机器人的越障高度通常大于车轮半径,原因在于轮腿式移动机器人能大幅度变化构型来适应地形起伏,各车轮载荷能根据地形自适应分配[24-29],抑或通过构型变化实现轮步行走,进而可主动越障。受轮腿式移动机器人的启发,在全地形无人平台的基础上增加构型变化可增强轮式无人平台的越障能力。

▶ 1.2.3 可变构型轮式地面无人平台

Spinner 地面无人平台于 2001 年开发出原型车,是 Crusher 系列无人平台的初代样机,其外观如图 1.5(a) 所示,底盘采用 6×6 驱动及混合动力系统,行驶噪声小,可轻松遥控。单次续航可达 14 天或 450km,可攀越 1m 的障碍,最大爬坡角 35°,有效载荷大于满载总体质量的 25%。该无人平台独特的车体结构可提供大容量载荷仓,并能根据有效载荷的位置上下调整载荷仓位置,能够变换 4 种武器站[30]。

卡内基梅隆大学国家机器人工程中心研制的 Crusher 高机动性轮式地面无人平台如图 1.5(b) 所示,该车采用六轮驱动、单纵臂式液压主动悬架,其悬架系统最大行程约为 0.76m,能够针对不同地面状况调整悬架硬度,保证车辆较好的车身姿态,承载能力强,能高速通过复杂地形,具有优越的越障性能。此外,在两个车轮失效情况下仍具备良好的机动能力。其主要性能参数为:车长 5.11m,宽 2.59m,高 1.52m,底盘离地约 0.4m,重约 6t,自身负载能力达 1.36t,最大速度 40km/h,最高可越过 1.22m 垂直障碍,可攀爬 40° 陡坡,采用差速转向,可实现原地 360° 转向[31-32]。

图 1.5(c) 所示为美国陆军坦克机动车辆研发与工程中心研制的 APD(autonomous platform demonstrator) 地面无人机动平台,该车在 Crusher 无人平台的基础上研发而成,其底盘形式与 Crusher 类似。采用混合电驱动技术,以柴油机为原动机将电能存储在锂电池中,通过 6 个轮毂电动机驱动平台前进,稳定性较好。其主要性能参数为:无负载下总质量 9.3t,整车长 4.62m、宽 2.5m,悬架收缩后车高 1.93m,最高车速 80km/h,最大越野车速 45km/h,通过差速可实现原地转向,可越过 1m 宽的壕沟和 1m 高的垂直墙,可通过 31° 的纵坡和 16° 的侧倾坡[33-34]。

(a) Spinner　　　　　(b) Crusher　　　　　(c) APD

图 1.5　Crusher 系列轮式地面无人平台

图 1.6 所示的 RoBattle 是由以色列航空工业公司开发的模块化无人平台。该无人平台主要承担护卫、武装侦察等任务,模块化设计使其能够安装机器人

手臂。RoBattle 外形尺寸与 Crusher 基本相同,重达 7t,能承载 3t,并具有很强的地形适应能力,能够越过 1m 的垂直障碍[35]。

图 1.6　RoBattle 样车及悬架结构

美国洛克希德·马丁公司开发的多功能后勤无人平台 MULE(multifunction utility/logistics and equipment)包括运输型 MULE-T、轻型突击型 MULE-AL、反地雷型 MULE-CM 等 3 种类型,如图 1.7 所示。该项目本身的研究工作集中在底盘的悬挂系统和动力系统,MULE 系列无人平台采用了柴油/电混合动力和轮毂电机独立驱动技术,其最大的特点是各车轮都装有独立式铰接悬挂装置,通过控制主动悬挂可使摇臂带动车轮绕车体摆动 360°,使得该无人平台具有常规轮式无人平台难以企及的越障能力与地形适应能力,甚至能在两个车轮失效的情况下继续行驶。其主要性能参数为:长 4.8m,宽 2m,总质量 2.5t,能够越过 1.5m 高的台阶和 1.2m 宽的壕沟,最大爬坡度 40°,最大涉水深度超过 1.25m,最高车速 48km/h,水平路面最大续航里程达 96km[36-38]。

(a)运输型MULE-T　　(b)突击型MULE-AL　　(c)反地雷型MULE-CM

图 1.7　MULE 系列轮式地面无人平台

受美国 MULE 轮式地面无人平台的启发,国内多个机构相应研制了几种采用摇臂悬架的轮式地面无人平台。图 1.8(a)所示的是北京理工大学研制的 6×6 摇臂式无人平台,6 个摇臂均可带动车轮绕车体摆动,使得越障性能和地形适应能力得到极大提高。图 1.8(b)所示的是北京航空航天大学研制的一款全地形差动转向六轮无人平台,其全长 2.2m,最大速度 10km/h,最大爬坡度 31°,该车悬架同样参照 MULE 设计,采用单纵臂悬架,其前车轮可根据路面情况主动调节悬架高度,车轮可实现−80~320mm 范围内的跳动,可通过 0.4m 的垂直障碍物[39]。

(a) 北京理工大学研制　　　　　　　　(b) 北京航空航天大学研制

图 1.8　采用摇臂悬架的轮式地面无人平台

　　各轮式无人平台的性能对比如表 1.1 所示,驱动形式均为全轮驱动,整车质量最小 0.75t,最大 9.3t。行驶速度方面,基于有人车辆改造而来的无人平台行驶速度较大,最大可达到 80km/h(Guardium),而全地形无人平台行驶速度较小,最大仅为 45km/h。可变构型无人平台最明显的特点是越障能力显著提高,同时行驶速度最大也可达到 80km/h(APD)。

　　由传统有人车辆改造而来的无人平台制造成本低,结构可靠性高,然而牵引性能和越障能力方面并没有得到提升。全地形轮式无人平台在增加车轮数量的同时采用全轮驱动,使得牵引性能和承载能力得到提升,但受限于底盘高度和固定构型,越障能力和崎岖路面通过性仍有待改善。可变构型轮式地面无人平台在全地形无人平台的基础上增加了变构型功能,不仅保留了良好的牵引性能和承载能力,而且越障能力大幅提升,从而在一定程度上解决了目前轮式无人平台机动性不足的问题。然而,以上所述可变构型的轮式地面无人平台均采用单纵臂主动悬架,单纵臂悬架通过纵臂连接车轮和车体,其结构特点无法满足车轮偏摆转向所需的空间,只能通过差动实现转向,转向机动性不如车轮偏摆的转向方式。此外,采用单纵臂悬架的无人平台无侧向连杆支撑,在转向过程中侧向稳定性较差。综上所述,目前采用单纵臂主动悬架的轮式无人平台的特点是越障性能、牵引性能及承载能力均较为突出,主要缺陷是转向机动性和侧向稳定性较弱,转向性能和技术成熟度有待进一步加强。

表 1.1　轮式无人平台性能参数

无人平台	驱动形式	整车质量/t	长宽高/m	最大速度/(km/h)	越障高度/m
DEMO Ⅲ	4×4	—	—	60	小于车轮半径

（续）

无人平台	驱动形式	整车质量/t	长宽高 /m	最大速度/ （km/h）	越障高度 /m
Guardium	4×4	1.4	2.95×1.8×2.2	80	小于车轮半径
MDARS	4×4	1.36	2.92×1.6×2.52	32	小于车轮半径
SMSS	6×6	1.9	—	26	0.6
TAROS-V2	6×6	1.4	2.74×1.77×2.05	—	小于车轮半径
Phantom	6×6	1	3×1.6×1	38	小于车轮半径
Jaeger 6	6×6	0.75	2.5×1.5×0.8	16	小于车轮半径
Gladiators	6×6	1.27	1.03×1.3×1.5	—	小于车轮半径
AMSTAF	6×6	1.1	2.5×1.5×0.85	20	小于车轮半径
Argo	8×8	1	3.35×1.85×1.65	20	小于车轮半径
Jaeger 8	8×8	—	2.9×1.5×0.85	16	小于车轮半径
Chrysor	8×8	0.95	2.9×1.6×1.9	45	0.4
Crusher	6×6	6	5.11×2.59×1.52	40	1.22
APD	6×6	9.3	4.62×2.5×1.93	80	1
RoBattle	6×6	7	—	—	1
MULE	6×6	2.5	4.8×2	48	1.5

1.3 轮式地面无人平台机动性研究概述

地面无人平台机动性是指地面无人平台在各种道路、野外地面和地形条件下快速行驶的能力。机动性可分为越野机动性和公路机动性,公路机动性是指地面无人平台在公路上快速持续行驶的能力,主要表现为操纵稳定性、续航能力和最大行驶速度。越野机动性是指地面无人平台通过各种崎岖地形、障碍和松软地面的能力,即越障能力和牵引能力。续航能力主要取决于电池容量或油箱容积,最大行驶速度取决于动力系统输出和轮毂电机输出,影响因素明确且与行驶系统的构型变化无关。因此,本书研究的地面无人平台机动性主要包括操纵稳定性、越障性能和牵引性能三部分。

▶ 1.3.1 操纵稳定性研究概述

转向是无人平台最基本的运动,操纵人员通过遥控远程控制转向机构使无人平台按预定轨迹行驶。操纵稳定性包括操纵性和稳定性两部分,两者既相互联系又相互制约,是转向性能好坏的集中体现。无人平台的操纵稳定性是指无人平台按照操纵者给定轨迹行驶,且当遭遇到外界干扰时能抵抗干扰能继续保持稳定行驶的能力。

车辆操纵稳定性的研究由来已久,研究理论体系完善,轮式地面无人平台由传统车辆发展而来,传统车辆操纵稳定性的研究方法适用于轮式地面无人平台。车辆操纵稳定性的理论研究方面,Rajesh[40]和 Pacejka[41]对传统两轴汽车的操纵稳定性进行了全面且深入的理论研究,是目前汽车操纵稳定性研究领域应用最广的理论。陈思忠[42]和屈求真[43]在传统汽车 2 自由度模型的基础上对三轴车辆的转向性能进行了初步的理论研究,喻俊红以多刚体动力学为基础,考虑悬架 K&C 特性和轮胎非线性特性,建立具有较高精度的三轴汽车非线性动力学模型[44]。

为简化多轴车辆操纵稳定性分析,Williams 提出了等效轴距的概念和计算方法,例如,三轴车辆的等效轴距是指将三轴车辆后两轴等效为一个轴[45],如图 1.9(a)所示。在将等效轴距应用于三轴车辆后,Williams 紧接着在文献[46]中提出了多轴车辆等效轴距的通用化计算方法,简化了多轴车辆操纵稳定性的分析过程。Watanabe 提出了某四轴车辆在水平路面上的转向运动模型,如图 1.9(b)所示,该模型考虑了车辆构型和侧移速度等影响转向运动的因素,通过求解该运动模型可得到车辆转向半径、质心侧偏角和车轮速度等重要指标[47]。郭孔辉在车辆二自由度动力学模型的基础上考虑车身侧倾影响,建立了多轴车辆的三自由度转向动力学模型,并通过数学推导将该模型推广应用至 n 轴车辆[48]。

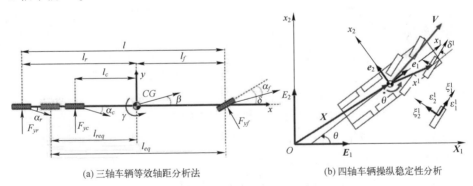

(a) 三轴车辆等效轴距分析法   (b) 四轴车辆操纵稳定性分析

图 1.9 多轴车辆操纵稳定性分析

增强车辆操纵稳定性的研究方面,早在 20 世纪 80 年代车辆横摆力矩控制系统就已经被研发出来。横摆力矩控制系统的作用是帮助车辆在急转弯或受到侧向干扰时维持稳定的行驶状态,防止车辆发生侧翻、甩尾等现象,避免车辆失控造成事故。目前横摆力矩控制系统主要分直接横摆力矩控制和间接横摆力矩控制两大类,其中直接横摆力矩控制系统的实现方式是对车轮的有差别制动,通过制动系统控制轮胎纵向力大小进而改变横摆力矩实现对车辆横摆运动的调整[49-50]。随着分布式驱动车辆的出现,直接横摆力矩控制有了新的实现方式,即通过单独控制各轮驱动力矩而不是通过制动来改变轮胎纵向力[51-52],但这两种直接横摆力矩控制方式都有赖于轮胎与地面的附着情况,当车辆行驶在湿滑路面时,直接横摆力矩控制效果达不到理想效果[53]。间接横摆力矩控制系统通过控制车轮转向角实现轮胎纵向力方向的改变,进而改变横摆力矩,实现对车身横摆运动的控制[54],这种控制方式虽然能避免直接横摆力矩控制系统的弊端,不受制于路面附着情况,但在轮胎非线性工作区域不能达到预期的控制效果。因此,两种横摆力矩控制系统均存在局限性。

针对直接横摆力矩控制系统和间接横摆力矩控制系统在实现方式上存在的缺陷,国内外学者研究了各种先进的控制算法试图弥补缺陷,其中主要包括模型跟踪控制[55-56]、滑模变结构控制[57-58]、模糊逻辑控制[59-60],先进的控制算法虽然提高了传统横摆力矩控制系统的性能,但效果并不理想。相比之下,在横摆力矩产生方式上寻求改变会带来更好的效果,近年来有学者提出了多种将直接横摆控制与间接横摆控制相结合的改进方案[61-65],这种相结合的方案虽然能提高控制效率,但仍遗留了两种控制方式各自的缺陷。

控制方式的不足使得学者们尝试从机械结构上出发,设计出一种完全不同的控制方法。随着主动悬架的应用,Amir[66]在一种三轴车辆的中间轴增加垂向作动器,如图1.10(a)所示,通过垂向作动器改变各轴轴荷分配进而调整横摆力矩,该方法结合主动悬架特点可根据路况改善车辆侧向动力学性能,但垂向作动器需额外消耗大量的能量才能到达预期控制效果。在这之后,Amir[67]提出了一种轴距可变的四轮车辆,该车辆的每个车轮都能相对车身纵向移动,如图1.10(b)所示,通过车轮的纵向移动改变横摆力矩,这种横摆控制方式不但耗能较小,且避免了直接横摆力矩和间接横摆力矩控制方式的缺点,具有较大创新性,但没有相应的结构设计作为支撑,仅提出了一个构型设想,且不能应用于带有传动轴的传统车辆,实用性较弱。

综上所述,针对操纵稳定性的研究,当前间接横摆控制方式和直接横摆控制方式均存在一定缺陷,即使通过控制算法进行优化仍无法突破现有的技术瓶颈。结构参数的主动变化为操纵稳定性控制提供了一种新的实现方式,但目前仅停留在构型设想阶段,并没有相应实例作为支撑。本书提出的可变构型行驶系统可根据行驶工况改变结构参数,既能实现横摆运动的实时调整,也能预先改变动力学特性进而增强车辆操纵性能和行驶稳定性。

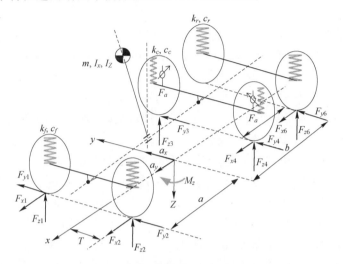

(a) 中间轴增加垂向作动器的三轴车辆

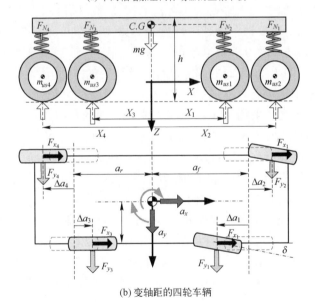

(b) 变轴距的四轮车辆

图 1.10 Amir 提出的操纵稳定性增强方法

1.3.2 越障性能研究概述

地面无人平台在野外崎岖地形的行驶过程中遇到不可避开的障碍时，只能依靠自身的越障能力通过障碍,因此越障性能是地面无人平台的基本性能,是机动性的重要体现。

工程应用方面,早在20世纪70年代初,美国就对车辆越障性能进行大量试验研究,依据经验数据建立了AMM-71,AMM-75及NRMM等多种车辆机动性模型,而越障模型作为该系列模型中一个独立的分析模块,在轮式车辆机动性能的评价方面具有重要参考价值[68]。该评价方法属于经验模型,适用范围广且计算方便,然而误差较大。相比之下,针对某确定构型的车辆,通过理论分析则能获得更为准确的越障性能。

越障性能包括可通过的垂直障碍高度和可通过的壕沟宽度两个主要参数,可通过垂直障碍的高度与可通过壕沟的宽度存在确定的几何关系[69],因此通常情况下以可通过垂直障碍的高度作为越障能力的评价指标,无人平台所能通过的垂直障碍高度越大,越障能力越强。陈欣将车轮和路面简化为刚体,通过整体的力学分析建立了某6×6地面无人平台各车轮的越障能力计算模型,如图1.11(a)所示,通过数值计算分析了车轮提起量对越障高度的影响,基于动力学仿真软件模拟了无人平台的越障过程[70]。此外,陈欣采用相同的理论方法,建立了高机动性多轴车辆越障性能分析模型[71]。文献[72]同样将车轮和地面视为刚体,基于静力学理论分析了两轴车辆、三轴平衡悬架车辆以及三轴独立悬架车辆[图1.11(b)]的越障过程。计算发现,在其他参数不变的情况下车轮数越多车轮越障能力越强,车轮半径越大越障能力越强,继而提出了越障高度与车轮半径之比来衡量车辆的越障能力。贺继林应用理论力学和动力学理论对八轮摆臂式无人平台的越障过程进行了分析[73],如图1.11(c)所示,并进行了仿真和试验,整个分析过程中认为车轮和地面不发生形变。Comellas研究了某八轮液压驱动车辆越障时的传动效率问题,并分析了传动结构对越障能力的影响[74-75],研究中车轮和地面均视为刚体,如图1.11(d)所示。

以上关于轮式车辆越障性能的研究,虽然目标车辆的构型各有不同,但所用理论方法均基于力学理论,且均假设车轮和障碍为不可变形的刚体。而车辆实际越障过程中轮胎在受力后必然发生变形,尤其在轮胎所受载荷较大的情况下。魏道高在三轴车辆越障分析的基础上,考虑了轮胎弹性变形影响,研究了某型后轴为平衡悬架的8×8重型货车的越障性能[76],分析过程中假设地面不发生变形,如图1.11(e)所示。George Thomas对某轮腿无人车的越障车轮进行单独的力学分析,如图1.11(f)所示,考虑了轮胎和土壤的变形,基于地面力学和轮胎力学相关理论得到了车轮在不同松软程度路面上的越障能力分析模型。此外,George Thomas还根据车轮是否为驱动轮加以区分,分别分析了从动轮和驱动轮的越障能力[77]。

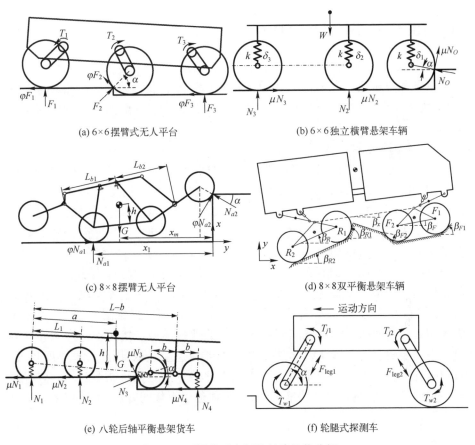

(a) 6×6摆臂式无人平台　　　　　(b) 6×6独立横臂悬架车辆

(c) 8×8摆臂无人平台　　　　　(d) 8×8双平衡悬架车辆

(e) 八轮后轴平衡悬架货车　　　　(f) 轮腿式探测车

图1.11　不同构型车辆的越障性能分析

　　综上所述,越障性能的研究包括理论分析和动力学仿真两种方法。理论分析以力学分析为主,若考虑地面和轮胎变形则还涉及轮胎力学和地面力学等相关理论。理论研究的特点在于能得到越障高度与各结构参数的明确关系,可为优化越障性能提供指导,动力学仿真相比于理论研究其优点在于考虑了动态因素,如无人平台加速或减速过程中引起的受力变化、车体的惯性引起的车轮负载转移以及车轮接触障碍产生的冲击力等,因此动力学仿真的结果可信度更高,但缺点是难以得到越障高度与结构参数之间的参数化关系。本书首先在考虑地面和轮胎变形的基础上对无人平台的越障性能进行了理论分析,得到了越障高度与关键参数之间的参数化关系,之后建立了动力学仿真模型对理论分析进行验证和补充,最后在理论分析和仿真研究的基础上提出了增强越障性能的构型变化策略。

1.3.3 牵引性能研究概述

牵引性能是衡量无人平台野外行驶能力的重要指标,对无人平台牵引性能的准确预测可避免无人平台出现滑转和沉陷等无法通行的情况。相对于有人车辆,无人平台在行驶过程中无法进行人工调整,牵引性能的准确预测显得更为重要。

1. 理论研究

轮壤的相互作用机制是牵引性能预测的重要研究内容。1913 年,德国的伯恩斯坦(R. Bernstein)提出了从动车轮下陷深度与其接地压力间关系的表达式[78]。1944 年,E. W. E. Micklethwait 首次研究了车轮的推力问题,并提出可应用于土力学中的库仑公式[79]。1952 年,Bekker 推导出了比库仑公式更具普遍意义的剪切力与剪切位移的关系式和承压特性正应力–应变公式[80]。1965 年,Janosi Z 在 Bekker 理论的基础上提出了更简单、更适用于大部分弹塑性土壤的土壤剪切模型[82]。之后,英国学者 Reece 对 Bekker 的土壤承压特性公式进行了修正[83],并与 Wong 合作提出了改进的车轮牵引特性预测模型[84-85],该预测模型是目前地面力学领域应用最为广泛的理论模型。然而理论模型在计算过程中需要较多的土壤参数,这些参数通常难以直接获取,因此计算难度较大。目前工程上用于野外行驶车辆牵引性能的评估方法是圆锥指数法[86],该方法是一种纯经验法,测量便捷快速,但这是一种过于简化的方法,不适用于高精度的牵引性能预测。

2. 仿真研究

随着计算机技术的快速发展,计算机仿真成为研究越野车辆牵引性能的重要研究手段,仿真方法不仅具有比理论模型更高的精度,还避免了试验设备和经费的限制,可应用于大尺寸车轮牵引性能和整车牵引性能的研究。牵引性能的仿真研究方法包括有限元法、离散元法和离散元–有限元耦合方法等,仿真研究的对象包括行星探测车车轮和汽车轮胎,轮胎不同于探测车车轮,其尺寸相对更大且为柔性体,因此轮胎与探测车车轮在土壤中的作用机制有一定差异,本书仅对车辆轮胎的仿真研究进行概述。

在国内,华中科技大学唐宏通过有限元软件 MSC. Dytran 建立了轮胎和路面的有限元模型,如图 1.12(a)所示,用流固耦合算法处理泥泞路面和轮胎的相互作用,分析了轮胎在泥泞路面上的附着力[87]。刘文武[88]和任茂文[89]分别通过有限元软件 Abaqus 和 Ansys 研究了轮胎在地面上滚动接触时作用力和变形的情况。国防科技大学杜永浩等利用离散元软件 PFC3D 建立了沙壤和轮胎模型,如图 1.12(b)所示,研究了大尺寸轮胎在沙壤路面多种工况下的牵引性能[90-91]。华南理工大学郑祖美提出了基于 GPU 并行的离散元和有限元耦合法(DEM-FEM),如图 1.12(c)所示,通过该方法研究了越野轮胎在沙壤上的牵引性能[92]。徐卫潘采用了类似的 DEM-FEM 方法,建立了能表征越野轮胎复杂力学特性和卵石路面散体介质特性的有限元轮胎-离散元耦合模型,如图 1.12(d)所示,研究了越野轮胎在卵石路面的牵引性能[93]。

(a) 轮胎路面有限元建模

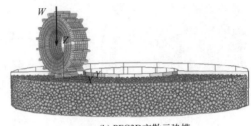
(b) PFC3D离散元建模

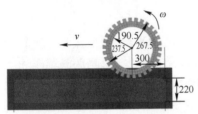
(c) DEM-FEM轮胎沙壤耦合建模

(d) DEM-FEM轮胎卵石耦合建模

图 1.12 越野轮胎牵引性能仿真

国外方面,Jeffrey 采用有限元方法建立了轮胎和土壤仿真模型,通过该模型分析了轮胎在沙地上的行驶特性[94]。Xia 基于有限元软件 Abaqus 建立了越野轮胎和路面相互作用的仿真模型,分析了路面压缩变形和轮胎牵引性能[95]。Nakajima 通过建立轮胎和地面有限元模型分析了汽车轮胎在不同路面条件下的牵引性能[96]。Khot 采用离散单元法建立了粗砂和中砂两类土的仿真模型,研究了刚性轮和沙壤相互作用过程中沙壤的变形特性以及车轮在不同载荷下的牵引特性[97]。Futoshi 使用离散元方法建立松软路面,并用质量块和弹簧建立轮胎模型,考虑了轮胎和地面两者的变形特性,研究了轮胎在松软路面的行驶特性[98]。Nakashima 使用二维有限元方法建立轮胎和土壤底部模型,用二维离散元方法建立土壤表层模型,通过有限元与离散元的耦合模拟了轮胎在沙壤上的行驶行为,耦合仿真结果与试验结果吻合度较高[99-100]。

3. 试验研究

为提高牵引性能预测精度,针对指定车轮在特定环境下的牵引性能,土槽试验是一种有效的研究手段,日本东北大学(Tohoku)空间机器人实验室开发了土槽测试系统[101]，美国卡内基梅隆大学（CMU）设计了圆周土槽测试台[102-103]，如图1.13（a）所示。美国麻省理工学院研制了车轮运动性能测试系统[104-106]，如图1.13（b）所示。吉林大学设计了月壤–车轮土槽试验系统[107-109]，如图1.13（c）所示。这些土槽测试系统均用于行星探测车的牵引性能研究，试验所用车轮尺寸较小。

 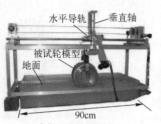 

(a) 圆周土槽测试台   (b) 车轮运动性能测试系统   (c) 月壤–车轮土槽试验系统

图1.13　单轮土槽测试系统

目前针对牵引性能的试验研究，多集中于行星探测车，行星探测车车轮为刚性轮且尺寸较小，而普通充气轮胎为柔性体且尺寸更大，因此探测车车轮与充气轮胎的牵引特性相差较大，探测车车轮的研究结论不能拓展适用于充气轮胎。若更进一步探究充气轮胎的牵引特性，需要以充气轮胎为对象开展试验研究。时至今日，对充气越野轮胎牵引性能的试验研究很少，仅有3家研究机构公布了相应的试验平台。日本京都大学设计了图1.14（a）所示的牵引性能测试系统，该系统包括土壤箱、土壤混合压实装置及控制轮胎滑移的机构，针对4种不同胎面花纹的汽车轮胎在沙壤上的牵引性能进行了试验研究[110]。华南理工大学搭建的越野轮胎土槽试验平台如图1.14（b）所示，该土槽里装填的是卵石，用以研究越野轮胎卵石地面的牵引性能[93]。弗吉尼亚理工学院设计了一种车辆–地面测试装置，如图1.14（c）所示，该装置可研究充气轮胎行驶过程中与土壤间相互作用并获得相关的轮胎力数据[111]。

(a) 沙壤牵引性能试验   (b) 卵石路面牵引性能试验   (c) 车辆–地面测试装置

图1.14　越野轮胎土槽试验

关于牵引性能研究,最有效、最精确的研究方法仍是土槽试验。目前已有土槽试验平台的研究对象多为小尺寸的行星探测车轮或小尺寸轮胎,对于大尺寸越野轮胎,则需要更大的试验场地和大型试验设备,搭建难度大且成本较高。随着计算机技术的快速发展,计算机仿真的可信度和分析精度越来越高,已经成为研究越野车辆牵引性能的重要研究手段,仿真建模不仅具有比理论模型更高的精度,还避免了试验设备和经费的限制,可应于大尺寸车轮牵引性能和整车牵引性能的研究。基于此,本书主要采用仿真方法对无人平台的牵引性能进行了研究,并搭建了用于小尺寸轮胎牵引性能研究的土槽试验平台,初步验证了仿真模型的准确性。

1.4 本书主要内容与组织结构

本书的主要内容包括无人平台可变构型行驶系统的设计和无人平台机动性增强研究。行驶系统的设计是实现无人平台机动性增强的基础,通过对无人平台机动性的研究提出相应增强方法。本书组织结构框图如图 1.15 所示。

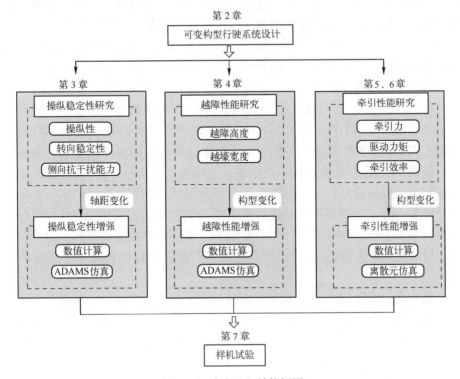

图 1.15 本书组织结构框图

本书各章的具体内容如下。

第1章,绪论。概述了轮式地面无人平台以及机动性研究方法。

第2章,可变构型行驶系统设计。基于国内外轮式地面无人平台的相关性能参数和性能特点,分析性能参数和行驶系统结构之间的关系,综合考虑可靠性和有效性,设计可变构型行驶系统结构方案,依据设计方案开展分系统设计和驱动设计。

第3章,基于行驶系统轴距变化的操纵稳定性分析与增强。依据汽车转向的动力学理论,建立了无人平台在结构化路面上的转向动力学模型,通过数值计算分析了轴距变化对无人平台转向稳定性、操纵性及转向误差的影响,基于轴距变化影响的数值分析结果提出不同行驶条件下的轴距变化策略。考虑到无人平台高速行驶过程中易受到侧风和侧倾坡的影响,分析了无人平台的侧向抗干扰能力以及轴距对侧向抗干扰能力的影响,提出了应对侧向干扰的轴距变化策略。

第4章,基于可变构型行驶系统的越障性能分析与增强。越障性能包括越垂直障碍的能力和越壕沟能力。结合力学理论,以车轮为对象分析了车轮载荷对车轮越垂直障碍能力的影响,以整车为对象分析了悬架刚度和附着系数对车辆越障性能的影响。以越障轮的提轮高度为优化目标设计越障过程中的构型变化策略,通过动力学仿真对构型变化策略进行验证。通过几何分析得到越障高度和越壕宽度的关系,进而得到轴距变化对越壕宽度的影响,并依此设计越壕过程中的轴距变化策略。

第5章,基于可变构型行驶系统的牵引性能研究与增强。结合车辆动力学理论和地面力学理论提出了无人平台无坡度路面牵引性能的数值计算方法,根据相应的土壤参数计算分析车辆在不同湿度沙壤和不同湿度黏土上的牵引性能。其次,完善和补充了无人平台在非平直路面上的牵引性能,通过离散元方法模拟了沙壤和黏土的无坡度路面、纵倾坡和侧倾坡路面等路面类型。在动力学软件 Recurdyn 中建立了整车动力学模型,通过与离散元软件 EDEM 的耦合仿真分析无人平台在沙壤和黏土的无坡度路面、纵倾坡和侧倾坡路面上的牵引性能。以研究结果为依据,通过构型变化改变车轮轮荷以优化无人平台的牵引性能。

第6章,基于轮步复合行驶方式的牵引性能分析与增强。在无人平台牵引性能研究的基础上,结合可变构型特点提出轮步行走方式,以提高无人平台松软路面上的牵引性能和脱困能力。研究轮步行驶过程的轮壤作用机制,从理论上分析轮步行走方式对牵引性能的增强效果,根据数值计算的分析结果提出轮步行走方式的最优行驶策略。通过离散元软件 EDEM 与动力学软件 Recurdyn

的耦合仿真研究轮步行走过程中车轮牵引性能的变化情况,进而验证轮步行走策略的有效性。

第 7 章,试验研究。开展了越障和越壕的试验,验证越障过程中的构型变化策略。进行了越障冲击试验,校核了无人平台关键结构件的结构强度。搭建了土槽试验平台,开展的牵引性能试验研究了牵引性能与滑转率、载荷之间的关系,通过试验与仿真的数据对比验证了仿真模型的准确性。

1.5　主要创新点

针对当前轮式无人平台在机动性能上存在的不足,提出了一种通用化的可变构型行驶系统。为解决传统车辆机动性分析方法不适用于地面无人平台的问题,提出了可应用于地面无人平台的机动性研究方法,在该研究方法的基础上分析了构型变化对无人平台对机动性的影响,并提出了增强机动性的构型变化策略。本书主要创新点总结如下。

(1) 提出了一种可变构型行驶系统,通过悬架的伸缩调节和中间轴的整体移动实现构型变化,有效解决了行驶高效性和地形通过性之间的矛盾,为轮式地面无人平台的机动性增强提供了新的实现方法。

(2) 建立了可应用于地面无人平台操纵稳定性研究的侧向动力学模型,基于该模型研究了轴距变化对操纵稳定性的影响,并相应地提出了增强操纵稳定性的轴距变化策略,为增强车辆操纵稳定性提供了新的实现方法。

(3) 建立了考虑轮胎径向弹性和车轮沉陷的高精度越障性能分析模型,研究了影响无人平台越障性能的关键要素,基于分析结果提出了越壕过程和越障过程中的构型变化策略,通过构型变化大幅增强了无人平台的越障性能。

(4) 融合 5 自由度车辆动力学模型和轮壤作用模型提出了无人平台平直路面上整体牵引性能的数值计算方法,并建立了可用于不同坡度路面或不同土壤环境下牵引性能研究的 EDEM-Recurdyn 耦合仿真方法。应用所提出的方法进行牵引特性研究,提出了无人平台在不同行驶环境下的构型选择。

(5) 提出了轮步行驶模式,研究了轮步行驶模式下轮壤作用机制,设计了轮步行驶模式的运动策略,通过离散元和动力学的耦合仿真验证了运动策略的有效性和轮步行驶模式对牵引性能的增强效果。

1.6　工 作 展 望

针对提出的构型可变行驶系统,本书虽然在机动性研究方面取得阶段性成

果,但仍有诸多值得研究的问题尚未涉及。为更进一步提升轮式地面无人平台的机动性,提出了下一步工作计划与研究展望:

(1) 悬架调节对操纵稳定的影响研究。操纵稳定性研究方面,本书只研究了轴距变化对操纵稳定性的影响,但实际上悬架行程的变化也会对操纵稳定性产生较大影响。下一步将考虑车身侧倾和轮胎非线性特性的影响,建立更加精确的非线性侧向动力学模型,并基于该模型分析悬架调节对操纵稳定性的影响,结合轴距变化提出更为有效的操纵稳定性增强方法。

(2) 越障控制策略研究。目前开展的越障试验均是通过遥控操纵,操纵人员通过观察无人平台的行驶状态来准备下一步的动作,未加入自主功能。为提高越障的高效性和智能化程度,未来计划融入自主决策能力,研究自主越障的控制策略,使无人平台在遇到障碍时能自主越障。

(3) 越野轮胎土槽试验研究。本书关于牵引性能的研究还处于仿真阶段,缺乏相应的试验验证。目前已经搭建了适用于小尺寸轮胎的土槽试验平台,但由于试验平台尺寸和传感器量程问题,尚不能应用于本书中的大尺寸轮胎。下一步将对已有的试验进行改造,购置能用于大尺寸轮胎的六分力传感器,针对本书的大尺寸越野轮胎进行试验,研究不同土壤类型下的轮壤作用机制,基于试验结果更加准确地预测无人平台的牵引性能。

第2章 可变构型行驶系统设计

车辆行驶系统一般由车架、车轮、车桥和悬架组成,其功能是承受来自路面的各向反力和力矩,并通过驱动轮与路面的附着作用产生驱动力,以保证车辆正常行驶和转向[112]。由此可看出,行驶系统是影响轮式无人平台行驶机动性的重要因素。以现有轮式无人平台的各项性能指标为参考,结合第1章论述的轮式地面无人平台机动性不足问题,提出合理的设计指标,依据设计指标拟定了行驶系统总体方案,在总体方案的基础上设计各分系统的机械结构,并对驱动进行设计和计算。

2.1 可变构型行驶系统总体设计

行驶系统设计之前需确定设计指标,以设计指标为导向拟定设计思路并最终确定总体设计方案。设计方案完成的同时需确定行驶系统外形尺寸,为下一步具体的结构设计提供参考依据。

▶ 2.1.1 总体设计指标

经过第1章的轮式地面无人平台研究对比可知,可变构型轮式无人平台由于在全地形无人平台的基础上融入了轮腿机器人的变构型特点,机动性能强于全地形轮式无人平台和传统车辆改造的轮式无人平台,其中 Crusher 系列和 MULE 系列的机动性最为突出。以 Crusher 系列轮式无人平台性能指标为参考,提出的设计指标如表2.1所示,其中最大行驶速度、最大爬坡度和最大侧倾坡均是指在路况良好的硬直路面上完成。

表 2.1 设计指标

空 载 质 量	2t	载　　　重	0.5t
尺寸(长宽高)	小于 4.4m×2m×1.2m	底盘高低可调	500mm
越障高度	1m	越壕宽度	1.2m
最大行驶速度	60km/h	最大越野行驶速度	35km/h
最大爬坡度	35°	最大侧倾坡	25°

▶▶ 2.1.2 总体设计思路

行驶系统的构型可变是指可通过悬架伸缩调节车轮相对底盘的位置,也可调节车轮之间的纵向相对位置。构型可变使得行驶系统的结构参数发生变化,车轮载荷和地面支撑点随之可进行调节,增强了无人平台的地形适应性。从已有公开资料可知,构型不可变的轮式无人平台的越障能力有限,越壕宽度小于车轮直径,越障高度通常小于车轮滚动半径,为达到上述越障和越壕的设计指标,拟采用变构型方案,可变构型行驶系统总体方案设计如图2.1所示,设计方案分驱动形式设计和构型变化形式设计两个大方面。驱动形式选择上,4×4驱动轮的数量少,导致牵引性能略显不足,而8×8驱动形式的车轮数较多,使得整体质量较大且转向不够灵活,因此最终选择6×6的驱动形式,既可以保证较强的牵引性能,又能控制整体质量和机构冗余度。构型变化形式上,由MULE的越障方式可以看出[1],除车轮相对底盘的高度变化外,越障过程中车轮纵向位置的主动变化是非常必要的。因此设计方案中拟通过轴距调节功能和悬架调节分别实现车轮纵向位置和垂向位置的变化,进而实现构型变化。横臂悬架带动车轮起伏的过程中车轮相对车架的纵向位置未发生改变,只能考虑将车轮和悬架整体纵向移动以实现轴距变化,而前后轴的移动对车体俯仰姿态的影响较大且移动空间有限,采用中间轴整体移动的方式既可增大轴距变化范围,也对车身俯仰的影响程度很小。通过悬架调节和轴距调节的结合不仅能改变地面支撑点,也能大幅调节车轮载荷,从而增强行驶系统地形适应能力。

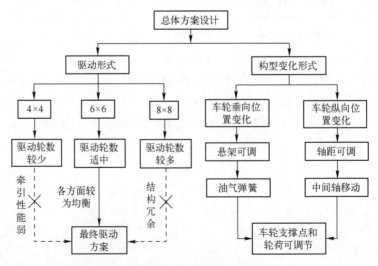

图 2.1　可变构型行驶系统总体方案设计

根据上述设计思路,拟采用图 2.2 所示的行驶系统方案,行驶系统主要由 6 个独立驱动车轮、6 个独立悬架、轴距调节机构和车架组成,通过中间轴整体的纵向移动和悬架行程调节改变行驶系统构型。

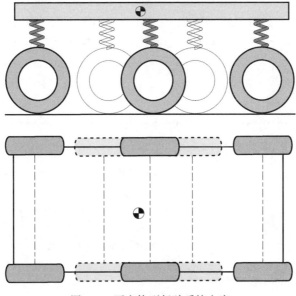

图 2.2　可变构型行驶系统方案

▶ 2.1.3　主要尺寸设计

轮式地面无人平台的主要尺寸有外廓尺寸、轴距和轮距。无人平台的长、宽、高为外廓尺寸,其中长、宽取决于行驶系统尺寸,高度除决定于底盘高度外,还取决于车身高度。

1. 轴距

轴距对无人平台总长、最小转弯半径、越障能力和轴荷分配有影响。轴距过短会使得无人平台长度不足,上坡、制动或加速时轴荷转移过大,使得无人平台制动性或操纵稳定性变坏;轴距过大时会使得转向半径增大,不利于转向机动,由于无人平台采用六轮独立驱动的方式,当转向半径过大时可通过差速转向进行弥补,因此不考虑轴距过长对转弯半径的影响。在满足无人平台长度小于 4.4m 的条件下,应尽可能增大轴距,减去轮胎和车身前后端突出占据的纵向空间,初步拟定前轴与后轴的轴距为 3.2m,为均匀分布轴荷,中间轴初始位置与前轴和后轴相等,即中间轴与前轴和后轴的距离均为 1.6m。

对于固定轴距的三轴车辆而言,所能跨越的壕沟跨度小于车轮直径,而四轴车辆能通过的壕沟宽度取决于一、二轴轴距 L_1 和三、四轴轴距 L_3(假设车辆重心位于二、三轴之间),如图 2.3(a)所示。为达到越壕指标要求,需通过轴距变化达到四轴车辆的越壕效果,如图 2.3(b)所示,即越壕过程通过中间轴位置调整来提升越壕能力。设计指标中越壕宽度为 1.2m,中间轴与前轴的初始轴距为 1.6m,因此中间轴移动范围应为 ±0.4m,为防止运动惯性对越壕稳定性造成影响,需进一步扩大轴距调节范围,中间轴移动范围拟定为 ±0.5m。

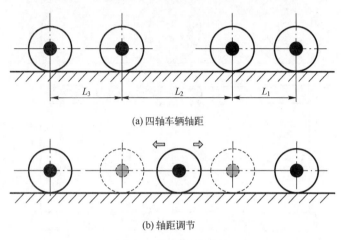

(a) 四轴车辆轴距

(b) 轴距调节

图 2.3 轴距调节设计

2. 轮距

轮距变化会使得车身宽度、侧倾刚度、最小转弯半径发生变化。轮距对转向半径的影响如图 2.4(a)所示,L 为前轴和后轴的轴距,B 为轮距,R 为转向半径,α、β 分别为外侧和内侧车轮转角。在假设车轮没有侧偏的情况下,α 和 β 的理想关系式为

$$\cot\alpha = \cot\beta + \frac{2B}{L}, \quad R = \frac{L}{2\sin\alpha} \tag{2.1}$$

由此可以看出,当外侧车轮转角 α 不变时增大轮距,转向半径不变,但内侧车轮所需转角增大;当内侧车轮转角 β 不变时增大轮距,外侧车轮转角减小但转向半径增大。因此轮距的增大将增大转向难度或转向半径,从而不利于转向机动。另外轮距的增加可使得无人平台横向稳定性变好。图 2.4(b)所示的是车身发生侧倾的情形,当车身发生侧倾时会受到悬架的弹性恢复力偶矩,假设悬架弹簧距轮胎中心点的水平距离 e_s 为固定值,当车身发生小侧倾角 $\mathrm{d}\Phi_r$ 时,悬架弹簧的变形量为 $\pm0.5(B-e_s)\mathrm{d}\Phi_r$,车身受到的弹性恢复力偶矩 $\mathrm{d}T$ 为

$$dT = \frac{1}{2}K_l'(B-e_s)^2 d\Phi_r \tag{2.2}$$

K_l' 为一侧悬架的线刚度,等式两侧除以 $d\Phi_r$ 可得到悬架侧倾角刚度 K_{Φ_r}

$$K_{\Phi_r} = \frac{1}{2}K_l'(B-e_s)^2 \tag{2.3}$$

由此可以知道,若采用相同的悬架结构,轮距的增大将增强无人平台的抗侧倾能力,进而提高转向过程的横向稳定性。

综上所述,轮距增大可提高转向稳定性但不利于转向机动,为此必须有所取舍。由于无人平台采用六轮独立驱动的方式,转向半径过大时可通过差速转向进行弥补,差速转向可满足极限情况下的转向机动,因此设计方案在满足整体宽度的要求下应尽可能增大轮距。根据设计指标中无人平台宽度小于 2m,减去轮胎宽度后拟定轮距为 1.7m。

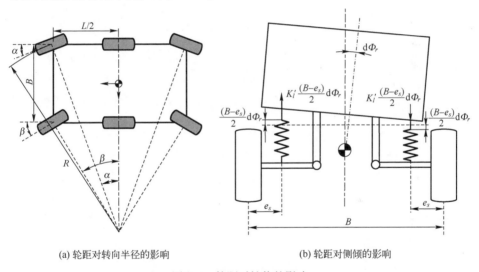

(a) 轮距对转向半径的影响　　　　(b) 轮距对侧倾的影响

图 2.4　轮距对性能的影响

2.2　可变构型行驶系统结构设计

总体设计方案拟定后需进一步对各分系统进行设计,分系统主要包括悬架、转向系统和轴距调节机构。

▶ 2.2.1　悬架特性分析与结构设计

悬架是指车架和车轮之间一切传力装置的总称,路面作用于车轮上各个方向的力和力矩都要通过悬架传递到车架。地面无人平台悬架的作用就是传递来自各方向力和力矩的同时,通过弹性元件减缓不平路面传给车架的冲击载荷,抑制车轮的不规则振动,提高行驶平顺性和安全性,减少动载荷引起的零部件和硬件损坏[113]。因此悬架对于地面无人平台的行驶性能至关重要。

悬架分为独立悬架和非独立悬架,非独立悬架主要用于货车等载重较大的车辆,崎岖路面上的通过性和适应性弱于独立悬架,因此本书不考虑非独立悬架。根据导向机构的不同,独立悬架可分为横臂悬架、纵臂悬架、斜臂式悬架、麦弗逊式悬架和扭转梁随动式悬架等几种类型,轮式地面无人平台使用的独立悬架多为纵臂式悬架或横臂式悬架。目前几种较为典型的轮式无人平台所采用的悬架类型如表2.2所示,由表中可以看出,采用纵臂悬架的无人平台的转向方式均为差速转向,采用横臂悬架的无人平台的转向方式均为车轮偏转转向,这与悬架的结构特点有关。

表 2.2 轮式无人平台悬架

无 人 平 台	悬 架 类 型	转 向 方 式
Crusher 系列	单纵臂液压悬架	差速转向
MULE	纵臂式铰接悬架	差速转向
Robattle	单纵臂液压悬架	差速转向
TAROS-V2	双横臂悬架	车轮偏转转向
Guardium	双横臂悬架	车轮偏转转向
Phantom	双横臂悬架	车轮偏转转向

图2.5(a)和图2.5(b)所示的分别是Crusher与MULE单纵臂悬架结构,轮毂电机安装在轮毂内部,纵臂外侧面与轮胎内侧间隔较小,车轮如果偏转就会与纵臂发生干涉,因此Crusher与MULE均未设置车轮偏转功能,也不能实现车轮偏摆转向。双横臂悬架的结构如图2.6所示,上下横臂为三角形形状,三角形顶端朝向车轮内侧给车轮偏转提供了足够的转向空间,转向机构通过推动转向节绕横臂旋转带动车轮偏转从而实现转向。

相比于纵臂悬架,横臂悬架解决了转向车轮偏转空间的问题,为转向方式提供了多种选择,不仅如此,横臂悬架广泛应用于传统车辆,技术成熟度高,侧向稳定性更好[34]。因此,行驶系统拟采用图2.7所示的双横臂悬架,其主要构件有上横臂、下横臂、油气弹簧。在无人平台处于满载状态和静止状态时,每一个悬架横臂处于近似水平位置,通过油气弹簧承受车体垂直方向的负载。油气弹簧不主动作用时,有一定的被动压缩行程,用于适应车轮随地面起伏跳动时横臂的上下摆动运动。油气弹簧主动作用时,通过自身的主动伸缩使得横臂上抬和下摆,从而操纵底盘离地高度。

(a) Crusher悬架结构

(b) MULE悬架结构

图 2.5　单纵臂悬架结构

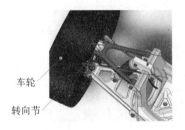

图 2.6　传统双横臂悬架结构

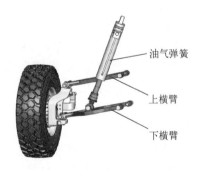
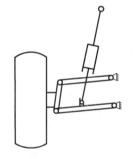

图 2.7　双横臂悬架

油气弹簧设计行程 250mm,上下横臂长度分别为 410mm、460mm。根据所示的悬架姿态,计算得到悬架调节范围与油气弹簧对应工作长度,具体参数如表 2.3 所示,根据表中数据计算得到悬架连续可调行程为 500mm,满足设计指标要求。

表 2.3　油气弹簧长度与悬架可调行程对照表

工　况	车轮状态	油气弹簧长度/mm	底盘离地间隙/mm
下跳极限	车轮下跳 200mm	887	512.5
悬架中位	车轮处于满载位置(跳动 0)	790	312.5
上跳极限	车轮上跳 300mm	658	12.5

 2.2.2　转向系统设计与布局

轮式地面无人平台的转向方式有两种,一种通过控制两侧车轮转速差实现转向,即差速转向,目前 Crusher、MULE 等采用纵臂悬架的无人平台均采用这种转向方式。第二种转向方式则与传统车辆类似,即设置转向机构和转向轮,通过改变车轮转向角控制无人平台转向半径。差速转向不用设置转向和操纵机构,因而结构简单,但存在一些不足:硬路面转向时转向阻力矩过大导致转向困难,且轮胎磨损严重;松软路面转向时转向轨迹难以精确控制,对路面产生剪切破坏影响路面通过性。为避免差速转向带来的问题,结合悬架方案特点,拟采用转向机构和转向轮,通过转向机构使转向轮偏摆实现转向。

无人平台无人驾驶的特性,使得其必须使用动力转向机构。液压式动力转向由于油液工作压力高,动力缸尺寸小、质量小、结构紧凑、油液具有不可压缩性、灵敏度高以及油液的阻尼作用可以吸收路面冲击等优点而被广泛应用于传统车辆。为此,无人平台转向机构也采用液压缸作为转向动力。转向传动机构方面,传统车辆采用独立悬架后,转向桥必须是断开式的,转向传动机构中的转向梯形也必须做成断开的,图 2.8 所示为常见的两种断开式转向梯形。断开式转向梯形的主要特点是它与转向轮采用独立悬架相配合,能够保证一侧车轮上、下跳动时,不会影响另一侧车轮。然而由图可以看出,这两种断开式转向传动机构不仅结构较为复杂,且左右两侧转向轮的转向运动耦合,无法实现左右两侧转向轮的独立转向。

为简化转向传动机构,将液压缸同时作为传动机构和动力机构使用,设计的转向机构结构如图 2.9 所示,包括转向液压缸、转向节和转向节臂,转向液压缸一端与车架相连,另一端与转向节臂相连,转向节臂固定于转向节,转向液压缸的伸缩使得转向节带动车轮相对车架偏摆。不需要转向时对正液压缸并锁止,保证无人平台的直线行驶能力,无人平台需要转向时则通过液压缸伸缩实现各车轮转动。相对于传统的梯形转向机构,所设计的转向机构对整车空间的占用少,每套转向机构只控制一个转向轮,左右两侧转向轮不再有耦合运动,可实现独立转向。整体布置上,在前轴和后轴的 4 个独立悬架上均设置了独立转向机构,呈前后左右对称布置,通过转向机构的不同动作可实现多种转向模式,如图 2.10 所示。前轴两车轮转向方向相同,后轴两车轮转向方向相同,前轴车轮与后轴车轮转向方向相反可实现小半径转向,如图 2.10(a)所示;前后轴车轮均向车体中心一侧偏转可实现原地转向,如图 2.10(b)所示;前后轴车轮转向方向均相同,中间轴车轮提起可实现蟹行行走,如图 2.10(c)所示。

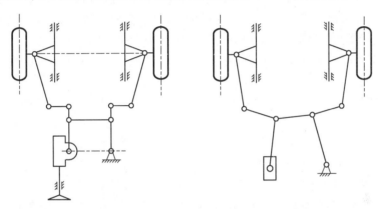

图 2.8 传统车辆上与独立悬架配用的转向传动机构

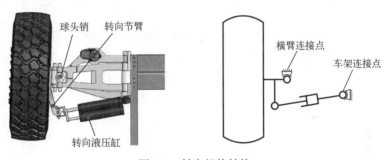

图 2.9 转向机构结构

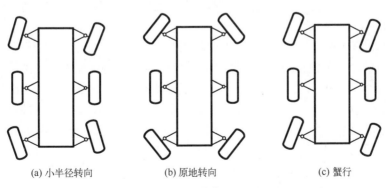

(a) 小半径转向　　　　　(b) 原地转向　　　　　(c) 蟹行

图 2.10 不同的转向模式

▶ 2.2.3 轴距调节机构设计

传统二轴和三轴车辆在通过宽度大于车轮直径的壕沟时会发生倾翻,为了解除轮径对越壕能力的限制,有 3 种解决方法:第一种是增加车辆的车轴数量,当车辆轴数为 4 时,可越过的壕沟宽度取决于前两轴或后两轴轴距的大小;第二种解决方法是在三轴的基础上,使得整车重心纵向位置可调,越壕过程中通过重心位置的实时调整防止倾翻。第三种方法是在三轴的基础上使得其中的一个或多个车轴纵向位置可变,通过轴距调整改变车轮支撑点保证越壕过程的稳定支撑。

增加车轴数量不仅需增加车轮数量、驱动装置和传动机构,还需足够的安装空间,在增加质量的同时增加了整车的冗余机构。无人平台重心的位置取决于各分系统的总体布局,分系统之间的位置相对固定,无人平台重心位置难以实时调整。因此前两种解决方法对整体的改动幅度大,实现起来较为困难,而第三种方法既不增加车轴数量也不需要实时调整无人平台重心的纵向位置,仅需增加其中一个车轴的位置调整功能,改动幅度相对较小,工程实现相对容易。为此,本书设计的行驶系统拟采用改变轴距的方法以增强越壕能力。

行驶系统前轴与后轴为转向轴,且受限于整体长度限制,前轴只能向后移动,后轴只能向前移动。中间轴为非转向轴,结构相对简单且具备纵向移动空间,因此将中间轴作为可移动轴,通过中间轴的纵向移动实现轴距调节。轴距调节机构的结构如图 2.11 所示,包括轴距调节液压缸、可移动支架和滑轨。中间轴的左右两侧悬架均安装在同一个可移动支架上,可移动支架底部与滑块固联,滑块可在滑轨上滑动,滑轨固定于车架上,滑轨安装方向与车架纵梁平行。轴距调节液压缸是轴距调节机构的执行件,一端固定在车架上,另一端与可移动支架相连,液压缸的伸缩可使得可移动支架沿滑轨移动,进而带动中间轴整体纵向移动,实现轴距调节。

为确保轴距调节动作完成后中间轴相对车架位置固定,保证轴距调节的可靠性,应设计轴距锁止功能。对此,本书设计了双重锁止,首先通过液压缸自身闭锁功能实现轴距不变时液压缸的刚性锁止状态,进而抑制中间轴在滑轨上移动。此外,设计了如图 2.12 所示的轴距锁止机构,可移动支架在初始位置时,推杆推动锥形销进入锁止片中的定位孔,锁止片固定于车架上,两侧的锥形销进入定位孔后实现了对中间轴位置的锁止,保证无人平台正常行驶的可靠性,中间轴移动到其他位置时依靠液压缸的自锁实现限位。可移动支架两侧及底部分别安装了导轮组件以保证移动支架的可靠移动。

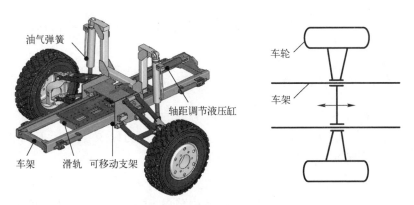

图 2.11　轴距调节机构

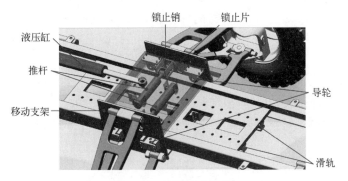

图 2.12　轴距锁止机构

2.3　驱动设计与需求分析

传统车辆的机械传动和驱动形式虽然传动效率高,但是质量大且需要占据较大的底盘空间,不利于轻量化设计和总体布局。随着轮毂电机技术的成熟,其传动效率已接近机械传动效率,与车轮直接连接且不需要传动机构使得结构更加紧凑,大大减小了行驶系统的质量,完全避免了机械传动的缺点。因此,行驶系统拟采用 6 个轮毂电机为车轮提供驱动。轮胎尺寸选择上,直径和宽度越大的轮胎接地面积越大,越野性能和附着能力越强,但在额定的驱动转矩下提供的驱动力更小,大尺寸的轮胎还会使得转向灵活性变弱。考虑到行驶系统各轴之间的轴距和轴距变化范围,初步选择直径 1m、宽 0.3m 的越野轮胎。

在动力系统输出功率足够的情况下,无人平台的最大爬坡度、最大车速、最大越野车速均与轮毂电机的性能参数息息相关,为满足相关设计指标,需通过计算得到轮毂电机的性能参数。

▶ 2.3.1 最大行驶速度的驱动需求

无人平台在水平道路上匀速行驶时,需要克服来自地面的滚动阻力和来自空气的空气阻力。滚动阻力以符号 F_f 表示,空气阻力以 F_w 表示。无人平台在水平道路上以最高车速行驶时需要克服的总阻力为

$$\sum F = F_f + F_w \tag{2.4}$$

滚动阻力是由于车轮滚动时轮胎和支撑面的变形产生的,轮胎和支撑面的相对刚度决定了变形的特点,即车轮在不同的路面会产生不同的滚动阻力,滚动阻力系数是描述这一特征的指标。滚动阻力系数为滚动阻力 F_f 除以车轮负荷 W_i:

$$f = F_f / W_i \tag{2.5}$$

表 2.4 给出了车辆在某些路面上以中、低速行驶时,滚动阻力系数的大致数值[69]。车辆在高速行驶时滚动阻力系数会进一步增大。无人平台最大行驶速度的设计指标是在硬直路面上完成的,且行驶速度较大,因此滚动阻力系数取 0.02。

表 2.4 滚动阻力系数的数值

路面类型	滚动阻力系数	路面类型	滚动阻力系数
沥青或混凝土路面	0.010~0.018	泥泞土路	0.100~0.250
碎石路面	0.020~0.025	干砂	0.100~0.300
卵石路面	0.035~0.050	湿砂	0.060~0.150
干燥土路	0.025~0.035	结冰路面	0.015~0.030
湿土路	0.050~0.150	压紧的雪道	0.030~0.050

车辆直线行驶时受到的空气作用力在行驶方向上的分力称为空气阻力,空气阻力的数值通常与气流相对速度的平方成正比,无风条件下,无人平台高速行驶时的空气阻力为

$$F_w = \frac{C_D A}{21.15} u^2 \tag{2.6}$$

式中:u 为行驶车速(km/h);C_D 为空气阻力系数;A 为迎风面积。常见汽车的空气阻力系数与迎风面积如表 2.5 所示,无人平台的迎风面积和空气阻力系数应在轿车和货车之间。因此,迎风面积 A 取 2.6m²,空气阻力系数 C_D 取 0.5。无人

平台质量 m 取满载质量 2500kg，重力加速度 g 取 9.8m/s²，电机效率 η 取 0.9。无人平台以最大行驶速度 $u_1 = 60$km/h 行驶时所需要的单轮转矩 T_1、功率 P_1 和转速 n_{q1} 分别为

$$T_1 = \frac{1}{6}\left(mgf + \frac{C_D A}{21.15}u_1^2\right)r/\eta = 47.4\text{N} \cdot \text{m} \tag{2.7}$$

$$P_1 = \frac{1}{3600\eta}\left(mgfu_1 + \frac{C_D A}{21.15}u_1^3\right)/6 = 1.58\text{kW} \tag{2.8}$$

$$n_{q1} = \frac{60u_1}{7.2\pi r} = 318\text{r/min} \tag{2.9}$$

表 2.5　汽车空气阻力系数与迎风面积

车型	迎风面积/m²	空气阻力系数	车型	迎风面积/m²	空气阻力系数
典型轿车	1.7~2.1	0.3~0.41	BMW 753i	2.11	0.33
货车	3~7	0.6~1.0	Audi 100	2.05	0.3
客车	4~7	0.5~0.8	Lexus LS 400	2.06	0.32

 2.3.2　最大越野速度的驱动需求

无人平台越野行驶与在硬直路面上行驶的主要区别在于车轮与地面的接触情况，越野行驶时车轮滚动阻力更大且附着性能更差。为计算越野行驶所需要的轮毂电机输出，假设路面附着系数满足行驶需求，根据表 2.4 取泥泞土路的滚动阻力系数 $f' = 0.2$，则无人平台以最大越野速度 $u_2 = 35$km/h 行驶时各轮毂电机所需转矩 T_2、功率 P_2 和转速 n_{q2} 分别为

$$T_2 = \frac{1}{6}\left(mgf' + \frac{C_D A}{21.15}u_2^2\right)r/\eta = 460.7\text{N} \cdot \text{m} \tag{2.10}$$

$$P_2 = \frac{1}{3600\eta}\left(mgf'u_2 + \frac{C_D A}{21.15}u_2^3\right)/6 = 8.96\text{kW} \tag{2.11}$$

$$n_{q2} = \frac{60u_2}{7.2\pi r} = 185.8\text{r/min} \tag{2.12}$$

2.3.3　最大爬坡度的驱动需求

无人平台行驶过程中的阻力包括滚动阻力、空气阻力和坡度阻力 F_i。无人平台重力沿坡道的分力表现为坡度阻力：

$$F_i = mg\sin\alpha \tag{2.13}$$

式中:α 为道路坡度角,假设无人平台爬坡时行驶速度 $u_3 = 10\text{km/h}$,滚动阻力系数取值与最大行驶速度工况相同,则各轮毂电机所需转矩 T_3、功率 P_3 和转速 n_{q3} 分别为

$$T_3 = \frac{1}{6}\left(mgf + \frac{C_D A}{21.15}u_3^2 + mg\sin\alpha\right)r/\eta = 1339\text{N} \cdot \text{m} \qquad (2.14)$$

$$P_3 = \frac{1}{3600\eta}\left(mgfu_3 + \frac{C_D A}{21.15}u_3^3 + mgu_3\sin\alpha\right)/6 = 7.44\text{kW} \qquad (2.15)$$

$$n_{q3} = \frac{60u_3}{7.2\pi r} = 53\text{r/min} \qquad (2.16)$$

轮毂电机的转矩 T_l、功率 P_l 和转速 n_l 必须满足最大速度行驶、最大越野车速行驶和最大爬坡度行驶的需求:

$$T_l \geqslant \max(T_1, T_2, T_3) = 1339\text{N} \cdot \text{m}, \quad P_l \geqslant \max(P_1, P_2, P_3) = 8.96\text{kW}$$

$$n_l \geqslant \max(n_{q1}, n_{q2}, n_{q3}) = 318\text{r/min} \qquad (2.17)$$

通过 3 种行驶工况的对比可知,最大行驶速度下所需要的轮毂电机转速最大,所需要的转矩和功率很小,以最大越野速度越野行驶时所需要的功率最大,爬坡行驶时所需的转矩最大。国军标爬坡试验要求的爬坡距离为 25m,因此无人平台爬坡时轮毂电机只需在极短时间内维持高转矩输出,而以最大车速行驶或越野行驶时需要轮毂电机持续输出。轮毂电机的功率越大质量越大,造成簧下质量越大,为避免选择的轮毂电机功率或转矩有过多剩余,轮毂电机只需峰值转矩大于 1339N · m,额定转矩大于 460.7N · m,额定转速大于 318r/min,额定功率大于 8.96kW。

2.4　可变构型行驶系统结构总成

基于上述设计方案开展工程设计,最终确定行驶系统的结构总成如图 2.13 所示。行驶系统的驱动形式为 6×6,每个车轮由一个安装于轮辋内部的轮毂电机驱动,轮毂电机与车轮直接连接省去了传动机构,结构更加紧凑。各车轮总成通过双横臂悬架与车架相连,双横臂为上下不等臂结构,下横臂作为主要受力部件,相比上横臂尺寸更大。各独立悬架均采用相同的油气弹簧作为弹性元件,油气弹簧具有被动行程和主动行程,被动行程使得其具有减震功能,主动行程使其能调节车轮相对车架的高度。前后轴两侧均设有独立转向机构,共 4 套独立转向机构,同轴两侧转向机构互相对称,转向机构通过液压缸的伸缩实现车轮的偏摆。转向液压缸既作为动力源也是转向传动机构,使得转向机构的布

置极为紧凑,减小了安装空间。中间轴与前、后轴相比,增加了可移动的悬架安装座和轴距调节机构。轴距调节液压通过推动悬架安装座带动中间轴整体移动,进而实现轴距调整。考虑到车身纵向空间,中间轴相对初始位置的移动范围为±0.5m。车架作为重要的结构件,由左、右纵梁总成和 4 个横梁组成,各梁之间通过螺栓连接构成框架结构形式,保证了车架的结构强度。行驶系统主要结构参数如表 2.6 所示,后续的研究中均以此表中的参数为计算依据。

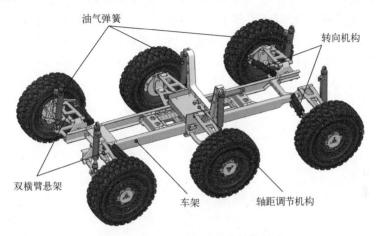

图 2.13　可变构型行驶系统结构总成

表 2.6　行驶系统主要结构参数

参　数	参 数 描 述	数　值	单　位
W	整车重力	25000	N
a	重心与前轴的水平距离	1.6	m
l_1	前轴与中间轴的轴距	1.1~2.1	m
l_2	后轴与中间轴的轴距	1.1~2.1	m
l	前轴与后轴的轴距	3.2	m
k	油气弹簧刚度	40	N/mm
h_W	无人平台重心高度	1.25	m
r	车轮半径	0.5	m
C_T	轮胎垂直刚度	500	N/mm
D	轮胎直径	0.996	m
b	轮胎宽度	0.309	m

2.5 小　　结

　　在全地形无人平台的基础上融入轮腿机器人变构型特点,设计了一种可变构型行驶系统的总体方案。通过对比纵臂悬架和横臂悬架的特点,确定了双横臂悬架方案并设计了具体的悬架结构。为提高转向机动性,结合悬架结构特点设计了独立转向机构,实现了四轮独立转向。为实现轴距变化,设计了轴距调节机构,针对该调节机构还设计了锁止装置。最后,对驱动进行了设计与计算,为轮毂电机的选型提供了理论依据。

第3章　基于行驶系统轴距变化的操纵稳定性分析与增强

　　轴距是影响无人平台操纵稳定性的重要因素,行驶系统轴距的变化必然对无人平台的操纵稳定性产生影响。为得到不同操纵环境下的最优轴距,需要研究轴距变化对转向过程中各项性能指标的影响。目前关于操纵稳定性的相关研究多集中于传统两轴汽车且形成了较为完善的理论体系,基于变轴距车辆的操作稳定性研究需进一步研究。为此,本章将基于汽车动力学相关理论对无人平台的操纵稳定性开展研究,分析不同轴距对操纵稳定性的影响以得到不同操纵条件下的轴距变化策略。建立动力学仿真模型,通过仿真验证不同操纵条件下轴距变化策略的有效性。

3.1　侧向动力学建模

　　地面无人平台的操纵稳定性是指无人平台能遵循转向轮给定的方向行驶,且当遭遇外界干扰时,抵抗干扰而保持稳定行驶的能力。操纵稳定性包括转向稳定性、转向灵敏度和抗干扰能力,在分析轴距变化对操纵稳定性的影响之前,首先需建立准确的侧向动力学模型。

　　在高速行驶的转向过程中,由于轮胎侧向弹性变形的存在,车轮实际行驶的速度方向不再与车轮方向一致[114],在这种情况下,需要研究用于无人平台侧向运动分析的动力学模型来替换运动学模型。考虑在无人平台上观察其运动与在地面观察无人平台运动的不同,分别建立固定于车辆和固定于地面的坐标系来描述车辆的运动,根据选取的坐标系建立不同的动力学方程。

▶▶ 3.1.1　固定于车辆坐标系的动力学方程

　　二自由度的无人平台模型如图 3.1 所示,高速行驶时为保证行驶稳定性只设置前轮转向,δ 为前轮转向角,β 为质心侧偏角,r 为横摆角速度,V 为行驶速度,其余参数描述和取值如表 3.1 所示,由图中可知各轮胎侧偏角可表示为

$$\beta_{f1} \approx \frac{V\beta + l_f r}{V - d_f r/2} - \delta \approx \beta + \frac{l_f r}{V} - \delta \tag{3.1}$$

$$\beta_{f2} \approx \frac{V\beta + l_f r}{V + d_f r/2} - \delta \approx \beta + \frac{l_f r}{V} - \delta \tag{3.2}$$

$$\beta_{m1} \approx \frac{V\beta + l_m r}{V - d_m r/2} - \delta \approx \beta + \frac{l_m r}{V} \tag{3.3}$$

$$\beta_{m2} \approx \frac{V\beta + l_m r}{V + d_m r/2} - \delta \approx \beta + \frac{l_m r}{V} \tag{3.4}$$

$$\beta_{r1} \approx \frac{V\beta - l_r r}{V - d_r r/2} - \delta \approx \beta - \frac{l_r r}{V} \tag{3.5}$$

$$\beta_{r2} \approx \frac{V\beta - l_r r}{V + d_r r/2} - \delta \approx \beta - \frac{l_r r}{V} \tag{3.6}$$

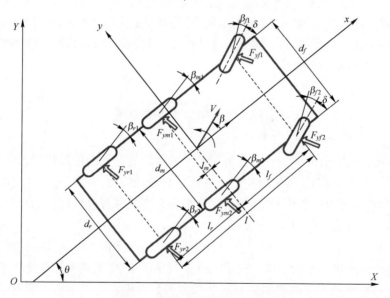

图 3.1　二自由度的无人平台模型

表 3.1　侧向动力学方程参数

参　数	参 数 描 述	数　值	单　位
m	整车质量	2500	kg
l_f	前轴与重心的水平距离	1.6	m
l_m	中间轴与重心的水平距离	$-0.5 \sim 0.5$	m

（续）

参　数	参 数 描 述	数　值	单　位
l_r	后轴与重心的水平距离	1.6	m
d_f	轮距	2.1	m
K_f	前轴车轮侧偏刚度	33.2	N/mm
K_m	中间轴车轮侧偏刚度	33.2	N/mm
K_r	后轴车轮侧偏刚度	33.2	N/mm

前、中、后轴车轮侧向力可分别表示为

$$F_{yf} = 2K_f\left(\beta + \frac{l_f r}{V} - \delta\right) \tag{3.7}$$

$$F_{ym} = -2K_m\left(\beta + \frac{l_m r}{V}\right) \tag{3.8}$$

$$F_{yr} = 2K_r\left(\beta - \frac{l_r r}{V}\right) \tag{3.9}$$

忽略路面坡度，沿 y 轴的作用力方程为

$$ma_y = F_{yf} + F_{mr} + F_{yr} \tag{3.10}$$

式中：a_y 为在 y 轴方向无人平台质心处的加速度；F_{yf}、F_{ym}、F_{yr} 分别表示前、中、后轴的轮胎侧向力。将 $a_y = V(\mathrm{d}\beta/\mathrm{d}t + r)$ 代入式（3.10）得

$$mV\left(\frac{\mathrm{d}\beta}{\mathrm{d}t} + r\right) = F_{yf} + F_{ym} + F_{yr} \tag{3.11}$$

由绕 z 轴的转矩平衡可得到横摆动力学方程：

$$I_z \dot{r} = l_f F_{yf} + l_m F_{mr} - l_r F_{yr} \tag{3.12}$$

代入侧向力表达式可得

$$mV\frac{\mathrm{d}\beta}{\mathrm{d}t} + 2(K_f + K_m + K_r)\beta + \left[mV + \frac{2}{V}(K_f l_f + K_m l_m - K_r l_r)\right]r = 2K_f\delta \tag{3.13}$$

$$2(K_f l_f + K_m l_m - K_r l_r)\beta + I\frac{\mathrm{d}r}{\mathrm{d}t} + \frac{2(K_f l_f^2 + K_m l_m^2 + K_r l_r^2)}{V}r = 2K_f l_f\delta \tag{3.14}$$

以上等式就是描述无人平台平面运动的基本运动方程，写为状态方程模型：

$$\dot{X} = AX + B\delta \tag{3.15}$$

其中 $X = \begin{bmatrix} \beta \\ r \end{bmatrix}$，$B = \begin{bmatrix} \dfrac{2K_f}{mV} & \dfrac{2K_f l_f}{I} \end{bmatrix}^{\mathrm{T}}$，

$$A = \begin{bmatrix} -\dfrac{2(K_f+K_m+K_r)}{mV} & -\dfrac{2(K_f l_f+K_m l_m-K_r l_r)}{mV^2}-1 \\ -\dfrac{2(K_f l_f+K_m l_m-K_r l_r)}{I} & -\dfrac{2(K_f l_f^2+K_m l_m^2+K_r l_r^2)}{IV} \end{bmatrix} \qquad (3.16)$$

3.1.2 固定于地面坐标系的动力学方程

无人平台在转向过程中,相对于固定于地面的坐标系而言,纵向位置和侧向位置是持续变化的,因此以固定于无人平台的坐标系来描述转向运动比较方便,但在无人平台直线行驶的场合,以固定于地面的坐标系描述运动更容易。如图 3.2 所示,以直路面的方向为 X 轴,与之垂直的方向为 Y 轴,定义此坐标系为固定于地面的坐标系,其中 θ 为无人平台纵向方向与 X 轴的夹角,γ 为航向与 X 轴的夹角,无人平台质心点的侧向位移为 y。当车辆在直线路面行驶时,假设 $|\gamma|\ll1$,$|\theta|\ll1$。在此假设下,若前轮转角 $|\delta|\ll1$,则可认为作用于各轮的侧偏力 F_{yf}、F_{ym}、F_{yr} 的方向与 Y 方向相同。

无人平台质心在 Y 方向上的运动方程为

$$m\frac{\mathrm{d}^2 y}{\mathrm{d}t^2}=2F_{yf}+2F_{ym}+3F_{yr} \qquad (3.17)$$

横摆运动为

$$I\frac{\mathrm{d}^2\theta}{\mathrm{d}t^2}=2F_{yf}l_f+2F_{ym}l_m-2F_{yr}l_r \qquad (3.18)$$

采用与固定于无人平台坐标系的运动方程相同的推导过程,可得到固定于地面坐标系的运动方程为

$$m\frac{\mathrm{d}^2 y}{\mathrm{d}t^2}+\frac{2(K_f+K_m+K_r)}{V}\frac{\mathrm{d}y}{\mathrm{d}t}+\frac{2(K_f l_f+K_m l_m-K_r l_r)}{V}\frac{\mathrm{d}\theta}{\mathrm{d}t}$$
$$-2(K_f+K_m+K_r)\theta=2K_f\delta \qquad (3.19)$$

$$\frac{2(K_f l_f+K_m l_m-K_r l_r)}{V}\frac{\mathrm{d}y}{\mathrm{d}t}+I\frac{\mathrm{d}^2\theta}{\mathrm{d}t^2}+\frac{2(K_f l_f^2+K_m l_m^2+K_r l_r^2)}{V}\frac{\mathrm{d}\theta}{\mathrm{d}t}$$
$$-2(K_f l_f+K_m l_m-K_r l_r)\theta=2K_f l_f\delta \qquad (3.20)$$

对式(3.19)、式(3.20)进行拉普拉斯变化可得到

$$\begin{bmatrix} ms^2+\dfrac{2(K_f+K_m+K_r)}{mV}s & \dfrac{2(K_f l_f+K_m l_m-K_r l_r)}{V}s-2(K_f+K_m+K_r) \\ \dfrac{2(K_f l_f+K_m l_m-K_r l_r)}{I}s & Is^2+\dfrac{2(K_f l_f^2+K_m l_m^2+K_r l_r^2)}{V}s-2(K_f l_f+K_m l_m-K_r l_r) \end{bmatrix}\begin{bmatrix} y(s) \\ \theta(s) \end{bmatrix}$$

$$= \begin{bmatrix} 2K_f\delta(s) \\ 2K_fl_f\delta(s) \end{bmatrix} \tag{3.21}$$

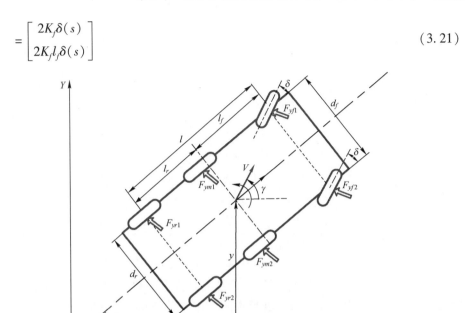

图 3.2　以地面固定坐标系表示车辆的运动示意图

3.2　转向性能分析与增强

▶▶ 3.2.1　转向灵敏性分析与增强

当无人平台进入等速圆周行驶后,即无人平台进入稳态后,此时 $\dot{r}=0,\dot{\beta}=0$,代入固定于车辆坐标系下的动力学方程并消去 β 可得

$$\frac{2\left[K_fl_f\delta V-(K_fl_f^2+K_ml_m^2+K_rl_r^2)r\right](K_f+K_m+K_r)}{(K_fl_f+K_ml_m-K_rl_r)V}$$

$$=2K_f\delta-\left[mV+\frac{2}{V}(K_fl_f+K_ml_m-K_rl_r)\right]r \tag{3.22}$$

由式(3.22)可得到稳态横摆角速度增益为

$$\frac{r}{\delta}=\frac{2K_f(K_fl_f+K_ml_m-K_rl_r)V-2K_fl_f(K_f+K_m+K_r)V}{\begin{pmatrix} mV^2(K_fl_f+K_ml_m-K_rl_r)+2(K_fl_f+K_ml_m-K_rl_r)^2 \\ -2(K_f+K_m+K_r)(K_fl_f^2+K_ml_m^2+K_rl_r^2) \end{pmatrix}} \tag{3.23}$$

对于本书提出的轴距可变行驶系统,需特别说明的是计算过程中 l_f、l_r 均为

固定数值且不含符号,当中间轴处于质心前端时 l_m 取正值,中间轴处于质心后端时 l_m 取负值。由于 l_m 的可变特性,可通过中间轴位置的调节改变横摆角速度增益,代入行驶系统结构参数进行数值计算得到横摆角速度增益与中间轴调节量的关系如图 3.3 所示。

将横摆角速度增益表达式写成

$$\frac{r}{\delta} = \frac{V/L_{ef}}{1+K_{us}V^2} \tag{3.24}$$

$$K_{us} = \frac{m(K_f l_f + K_m l_m - K_r l_r)}{2(K_f l_f + K_m l_m - K_r l_r)^2 - 2(K_f l_f^2 + K_m l_m^2 + K_r l_r^2)(K_f + K_m + K_r)} \tag{3.25}$$

$$L_{ef} = \frac{(K_f l_f^2 + K_m l_m^2 + K_r l_r^2)(K_f + K_m + K_r) - (K_f l_f + K_m l_m - K_r l_r)^2}{(K_f l_f + K_r l_r)(K_f + K_m + K_r) - K_f(K_f l_f + K_{\alpha m} l_m - K_{\alpha r} l_r)} \tag{3.26}$$

式中:L_{ef} 为等效轴距;K_{us} 为稳定性因数,通过对 K_{us} 的表达式展开计算可知其分母始终为负值,因此稳定性因数 K_{us} 的符号与其分子的符号相反。代入结构参数进行数值计算可得到横摆角速度与中间轴位置调节量变化关系如图 3.3(a)所示,无人平台以 20km/h 低速行驶时,轴距变化几乎不对横摆角速度增益产生影响,随着行驶速度的增大,轴距变化对横摆角速度增益产生的影响随之增大。稳定性因数与中间轴位置调节量变化关系如图 3.3(b)所示,由图可知,不调节中间轴位置时 $K_{us}=0$,车辆表现为中性转向,中间轴前移时 $K_{us}<0$,车辆表现为过多转向,中间轴后移时 $K_{us}>0$,表现为不足转向。

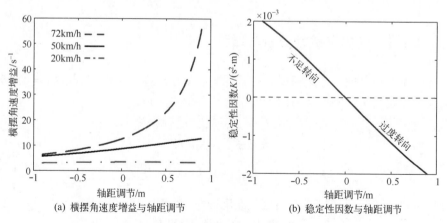

(a) 横摆角速度增益与轴距调节   (b) 稳定性因数与轴距调节

图 3.3　轴距调节对转向灵敏性的影响

综上所述,如果需要增强无人平台的转向灵敏性,应将中间轴前移以使得无人平台表现为过多转向,并增大横摆角速度增益,即单位车轮转角下可获得更大的横摆角速度。当无人平台高速行驶时,横摆角速度增益对轴距的变化更为敏感,过大的横摆角速度增益将减弱转向稳定性,无人平台高速行驶时应侧重增强其转向稳定性,应将中间轴后移以增大转向不足。因此无人平台在行驶过程中可根据行驶需求通过中间轴移动有侧重地改善转向特性,进而增强转向性能。

 ### 3.2.2　转向稳定性分析与增强

由状态方程式(3.15)得到无人平台运动的特征方程为

$$\begin{vmatrix} s+\dfrac{2(K_f+K_m+K_r)}{mV} & \dfrac{2(K_fl_f+K_ml_m-K_rl_r)}{mV^2}+1 \\ -\dfrac{2(K_fl_f+K_ml_m-K_rl_r)}{I} & s+\dfrac{2(K_fl_f^2+K_ml_m^2+K_rl_r^2)}{IV} \end{vmatrix}=0 \tag{3.27}$$

展开并整理得到

$$s^2+2\xi\omega_n s+\omega_n^2=0 \tag{3.28}$$

$$2\xi\omega_n=\frac{2K_f+2K_m+2K_r}{mV}+\frac{2K_fl_f^2+2K_ml_m^2+2K_rl_r^2}{IV} \tag{3.29}$$

$$\omega_n^2=\frac{4(K_f+K_m+K_r)(K_fl_f^2+K_ml_m^2+K_rl_r^2)}{mI_zV_x^2}$$
$$-\frac{2(mV^2+2K_fl_f+2K_ml_m-2K_rl_r)(K_fl_f+K_ml_m-K_rl_r)}{mIV^2} \tag{3.30}$$

由特征方程式(3.27)所表示的系统,其响应可由 $C_1\mathrm{e}^{\lambda_1 t}+C_2\mathrm{e}^{\lambda_2 t}$ 表示,其中 λ_1 和 λ_2 为特征方程的根:

$$\lambda_{1,2}=-\xi\omega_n\pm\sqrt{(\xi\omega_n)^2-\omega_n^2} \tag{3.31}$$

系统的瞬态响应特性及其稳定性取决于特征方程的根,因而无人平台的瞬态响应特性及其稳定性可按 $\xi\omega_n$ 和 ω_n^2 的情况作如下分类:

当 $(\xi\omega_n)^2-\omega_n^2\geq0$、$\omega_n^2>0$ 时,λ_1 和 λ_2 为负实数,瞬态响应作无振荡衰减(系统稳定);当 $(\xi\omega_n)^2-\omega_n^2<0$ 时,λ_1 和 λ_2 为复数,若其实部为负,瞬态响应作振荡衰减(系统稳定);当 $\omega_n^2<0$ 时,λ_1 和 λ_2 一个为负实数,一个为正实数,瞬态响应为非振荡发散(系统不稳定)。

由式(3.29)可知 $\xi\omega_n$ 必为正数,因此 $\omega_n^2\geq0$ 为系统的一个临界稳定点,代入式(3.30)并化简得

$$2(K_fl_f^2+K_ml_m^2+K_rl_r^2)\geq\frac{(mV^2+2K_fl_f+2K_ml_m-2K_rl_r)(K_fl_f+K_ml_m-K_rl_r)}{(K_f+K_m+K_r)} \tag{3.32}$$

当 $l_m \leqslant 0$ 时,上式恒成立,即中间轴后移时系统处于稳定状态,因此临界车速仅考虑 $l_m > 0$ 的情况。

设 $\omega_n^2 = 0$ 时的车速为临界车速:

$$V_c = \sqrt{\frac{2(K_f + K_m + K_r)(K_f l_f^2 + K_m l_m^2 + K_r l_r^2)}{m(K_f l_f + K_m l_m - K_r l_r)} - \frac{2}{m}(K_f l_f + K_m l_m - K_r l_r)} \quad (3.33)$$

代入参数可得到临界车速与轴距变化量的关系如图 3.4 所示,由图可知,随着中间轴前移临界车速越来越小,说明行驶稳定性逐渐减弱,与图 3.3 中横摆角速度增益随着中间轴前移量增大而变大的情况相吻合,即中间轴前移量越大,转向灵敏度增强但稳定性减弱。轴距前移 0.5m 时的临界车速为 105km/h,当车速超过这个临界速度时应减小中间轴前移量以保证行驶稳定性,若需要最大限度地保证转向稳定,应将中间轴后移以增强转向稳定性。

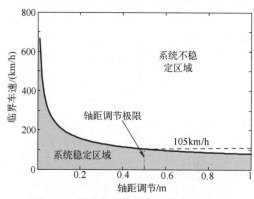

图 3.4 临界车速与轴距变化量的关系

▶ 3.2.3 转向误差分析与优化

转向稳定性控制的两大问题包括稳定性问题和轨迹保持问题,前面已经研究了轴距变化对无人平台转向稳定性的影响,这节将研究轴距变化对无人平台轨迹问题的影响。轨迹问题包括转向角误差和侧向位置误差的分析与控制,当无人平台轴距发生变化时,侧向动力学模型的参数发生了变化,转向角和侧向位置必然会受到影响。当研究目的是转向轨迹问题时,使用相对路面的位置及方向误差这类状态变量的动力学模型是十分有效的。因此,根据前面的侧向动力学模型定义以下 4 个新的变量。

e_1:从车道中心线到质心的距离。

e_2:相对车道的方向误差。

ψ_{des}:理论方向角(车道方向角)。

ψ:实际方向角。

考虑无人平台在半径为常数 R 的车道上以恒定纵向速度 V_x 行驶,假设半径 R 很大,定义无人平台理论的方向变化率为

$$r_{des} = \frac{V}{R} \tag{3.34}$$

无人平台的理论加速度可写作

$$\frac{V^2}{R} = Vr_{des} \tag{3.35}$$

定义 $\ddot{e}_1$ 和 e_1 如下[115]。

$$\ddot{e}_1 = \left(V \frac{d\beta}{dt} + Vr \right) - \frac{V^2}{R}, \quad e_2 = \psi - \psi_{des} \tag{3.36}$$

定义:

$$\dot{e}_1 = \dot{y} + V(\psi - \psi_{des}) \tag{3.37}$$

将式(3.35)和式(3.36)代入式(3.13)和式(3.14)可得

$$m\ddot{e}_1 = -\frac{2}{V}(K_f + K_m + K_r)\dot{e}_1 + 2(K_f + K_m + K_r)e_2 - \frac{2}{V_x}(K_f l_f + K_m l_m - K_r l_r)\dot{e}_2$$
$$- \left[\frac{2}{V}(K_f l_f + K_m l_m - K_r l_r) + V \right] r_{des} + 2K_f \delta \tag{3.38}$$

$$I\ddot{e}_1 = -\frac{2}{V}(K_f l_f + K_m l_m - K_r l_r)\dot{e}_1 + 2(K_f l_f + K_m l_m - K_r l_r)e_2 + 2(K_f l_f + K_r l_r)\delta$$
$$- \frac{2}{V}(K_f l_f^2 + K_m l_m^2 + K_r l_r^2)\dot{e}_2 - \frac{2}{V}(K_f l_f^2 + K_m l_m^2 + K_r l_r^2)r_{des} \tag{3.39}$$

由此可得跟踪误差变量的状态模型:

$$
\begin{bmatrix} \dot{e}_1 \\ \ddot{e}_1 \\ \dot{e}_2 \\ \ddot{e}_2 \end{bmatrix} =
\begin{bmatrix}
0 & 1 & 0 & 0 \\
0 & -\frac{2}{mV}(K_f + K_m + K_r) & \frac{2}{m}(K_f + K_m + K_r) & -\frac{2}{mV}(K_f l_f + K_m l_m - K_r l_r) \\
0 & 0 & 0 & 1 \\
0 & -\frac{2}{IV}(K_f l_f + K_m l_m - K_r l_r) & \frac{2}{I_z}(K_f l_f + K_m l_m - K_r l_r) & -\frac{2}{IV}(K_f l_f^2 + K_m l_m^2 + K_r l_r^2)
\end{bmatrix}
\begin{bmatrix} e_1 \\ \dot{e}_1 \\ e_2 \\ \dot{e}_2 \end{bmatrix}
$$
$$
+ \begin{bmatrix} 0 \\ \frac{2K_f}{m} \\ 0 \\ \frac{2}{I}(K_f l_f + K_r l_r) \end{bmatrix} \delta
+ \begin{bmatrix} 0 \\ -\frac{2}{IV}(K_f l_f + K_m l_m - K_r l_r) - V \\ 0 \\ -\frac{2}{IV}(K_f l_f^2 + K_m l_m^2 + K_r l_r^2) \end{bmatrix} r_{des} \tag{3.40}
$$

令 $x = [\begin{matrix} e_1 & \dot{e}_1 & e_2 & \dot{e}_2 \end{matrix}]^T$，上述误差变量的状态方程可表示为

$$\dot{x} = Ax + B_1\delta + B_2 r_{des} \tag{3.41}$$

开环矩阵 A 在初始时有两个不稳定的特征值，系统需要反馈来使之稳定，这里采用状态反馈法则：

$$\delta = -Kx + \delta_{ff} = -k_1 e_1 - k_2 \dot{e}_1 - k_3 e_2 - k_4 \dot{e}_2 + \delta_{ff} \tag{3.42}$$

闭环侧向控制系统的状态空间模型可表示为

$$\dot{x} = (A - B_1 K)x + B_1\delta_{ff} + B_2 r_{des} \tag{3.43}$$

采用 Laplace 变换，假设为零初始状态，可得到

$$X(s) = [sI - (A - B_1 K)]^{-1}\{B_1 L(\delta_{ff}) + B_2 L(r_{des})\} \tag{3.44}$$

利用终值定理，稳态跟踪误差可表示为

$$x_{ss} = \lim_{t \to \infty} x(t) = \lim_{s \to 0} sX(s) = -(A - B_1 K)^{-1}\left\{B_1\delta_{ss} + B_2\frac{V}{R}\right\} \tag{3.45}$$

使用 Matlab 对式(3.45)进行计算得到

$$x_{ss} = \begin{bmatrix} f(k_1, k_3, \delta_{ff}) \\ 0 \\ \dfrac{mV^2(K_f l_f + K_r l_r) + 2K_m K_f l_m (l_f - l_m) + 2K_m K_r l_m (l_r + l_m) + 2K_f K_r l(l_f - l_r)}{2RK_f K_m(l_f - l_m) + 4RK_f K_r l + 2RK_m K_r(l_r + l_m)} \\ 0 \end{bmatrix} \tag{3.46}$$

由式(3.46)可以看出侧向位置误差 e_1 可以通过合适的状态反馈矩阵 K 的选取而被置为0，然而状态反馈矩阵 K 不影响稳态方向角误差 e_2，稳态方向角误差为

$$e_{2ss} = \frac{mV^2(K_f l_f + K_r l_r) + 2K_m K_f l_m (l_f - l_m) + 2K_m K_r l_m (l_r + l_m) + 2K_f K_r l(l_f - l_r)}{2RK_f K_m(l_f - l_m) + 4RK_f K_r l + 2RK_m K_r(l_r + l_m)} \tag{3.47}$$

若 $K_m = K_f = K_r$，可简化得到

$$e_{2ss} = \frac{mV^2}{6RK_f} + \frac{l_m + l_f - l_r}{3R} \tag{3.48}$$

由此可以知道，对于结构参数不变的车辆而言，其稳态方向角误差始终存在且为一固定值，但对于本节提出的轴距可变无人平台来说，因中间轴离车辆质心的距离 l_m 为可变的，因此可通过该参数的变化减小稳态转向的方向角误差，从而提高车辆轨迹保持能力。式(3.48)中行驶速度取50km/h，轨道半径 R 取8m，其余参数取表2.6和表3.1中的数值，经计算得到轴距变化量与方向角

误差之间的关系,随着中间轴离车辆质心距离 l_m 的变化可改变稳态方向误差的大小,l_m 为 0 时稳态方向角误差为 4.4°,l_m 由正变为负值时方向角误差明显减小,将中间轴后移 0.5m 后稳态方向角误差减小为 3.2°,方向角误差减小 1.2°,且随着中间轴的进一步后移,方向角误差将继续线性减小。因此,若需要将方向角控制在较小的误差范围内,需将中间轴向后移动至极限位置,即后移 0.5m。

3.3　侧向抗干扰能力分析与增强

前面研究了无人平台在有操纵输入下的运动特性,在没有操纵输入的情况下无人平台理论上应保持直线行驶状态,然而在实际行驶过程中会不可避免地受外部干扰而产生偏离期望路径的运动。本节将研究无人平台在外部侧向力作用下的运动,以进一步分析运动特点,并尝试通过轴距变化增强侧向抗干扰能力。

3.3.1　抗阶跃干扰的能力分析与增强

当无人平台行驶在侧向倾斜的路面上时,其重力的侧向分量为作用于质心的侧向力 Y,如图 3.5 所示。若无人平台较长时间行驶在侧向倾斜的坡面上,即侧向干扰力 Y 作用时间较长,即使侧向干扰力较小,无人平台也会偏离其原始路径。

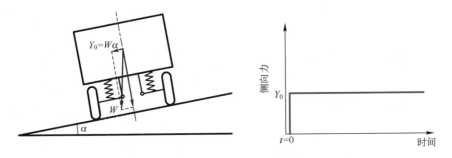

图 3.5　无人平台受阶跃侧向力

假设无人平台转向角为零,根据式(3.13)和式(3.14),无人平台的运动方程可表示为

$$mV\frac{\mathrm{d}\beta}{\mathrm{d}t}+2(K_f+K_m+K_r)\beta+\left[mV+\frac{2}{V}(K_fl_f+K_ml_m-K_rl_r)\right]r=Y_0 \qquad (3.49)$$

$$2(K_f l_f + K_m l_m - K_r l_r)\beta + I\frac{dr}{dt} + \frac{2(K_f l_f^2 + K_m l_m^2 + K_r l_r^2)}{V}r = 0 \qquad (3.50)$$

对上式进行拉普拉斯变换,可得到无人平台的侧偏角和横摆角速度对侧向力的响应 $\beta(s)$ 和 $r(s)$:

$$\beta(s) = \frac{\begin{vmatrix} \dfrac{Y_0}{s} & mV + \dfrac{2}{V}(K_f l_f + K_m l_m - K_r l_r) \\ 0 & Is + \dfrac{2(K_f l_f^2 + K_m l_m^2 + K_r l_r^2)}{V} \end{vmatrix}}{\begin{vmatrix} mVs + 2(K_f + K_m + K_r) & mV + \dfrac{2}{V}(K_f l_f + K_m l_m - K_r l_r) \\ 2(K_f l_f + K_m l_m - K_r l_r) & Is + \dfrac{2(K_f l_f^2 + K_m l_m^2 + K_r l_r^2)}{V} \end{vmatrix}} = \frac{Y_0}{mVs}\frac{(s + a_\beta)}{(s^2 + 2\xi\omega_n s + \omega_n^2)}$$

$$(3.51)$$

$$r(s) = \frac{\begin{vmatrix} mVs + 2(K_f + K_m + K_r) & \dfrac{Y_0}{s} \\ 2(K_f l_f + K_m l_m - K_r l_r) & 0 \end{vmatrix}}{\begin{vmatrix} mVs + 2(K_f + K_m + K_r) & mV + \dfrac{2}{V}(K_f l_f + K_m l_m - K_r l_r) \\ 2(K_f l_f + K_m l_m - K_r l_r) & Is + \dfrac{2(K_f l_f^2 + K_m l_m^2 + K_r l_r^2)}{V} \end{vmatrix}} = \frac{Y_0}{mVIs}\frac{a_r}{(s^2 + 2\xi\omega_n s + \omega_n^2)}$$

$$(3.52)$$

其中,$a_\beta = \dfrac{2(K_f l_f^2 + K_m l_m^2 + K_r l_r^2)}{VI}$,$a_r = -2(K_f l_f + K_m l_m - K_r l_r)$,$\xi$ 和 ω_n 由式(3.29)和式(3.30)给出,Y_0/s 是侧向力 Y 的拉普拉斯变换。根据拉普拉斯变换终值定理可进一步计算得到 β 和 r 的稳态值:

$$\beta = \lim_{s \to 0} s\beta(s) = \frac{Y_0}{mV}\frac{a_\beta}{\omega_n^2} = \frac{2Y_0}{mIV^2\omega_n^2}(K_f l_f^2 + K_m l_m^2 + K_r l_r^2) \qquad (3.53)$$

$$r = \lim_{s \to 0} sr(s) = \frac{Y_0}{mIV}\frac{a_r}{\omega_n^2} = \frac{-2Y_0}{mIV^2\omega_n^2}(K_f l_f + K_m l_m - K_r l_r) \qquad (3.54)$$

由前面的分析可知,当车速低于临界车速时方向稳定,$\omega_n^2 \geq 0$,结合上式可知,β 总为正;r 则与稳定性因数 K_{us} 正负相同(K_{us} 与 $K_f l_f + K_m l_m - K_r l_r$ 正负相反),即在不足转向情况下为正,而在过多转向下为负。

　　为对上述公式进行计算,搭建 simulink 数值计算模型,模型输入为侧向力阶跃输入,阶跃发生在 1s,侧向力大小为 4000N,无人平台行驶速度为 40km/h,转向角为 0,通过求解该模型得到无人平台受到阶跃侧向干扰力时的响应情况。运行数值计算模型,运行时间为 4s,测得质心在平面内的变化和横摆角速度变化分别如图 3.6(a)和图 3.6(b)所示,由图可知无人平台在 1s 时刻受到侧向力后,横摆角速度由零迅速增大,之后经过 1s 后达到稳定值进入稳定状态,随着无人平台的横摆,侧向位置也发生了变化,无人平台向一侧偏移,且随着时间的推移偏移量不断增大,无人平台行驶严重偏离直线。

　　对于作用于质心的阶跃侧向力,中间轴处于初始位置时产生的横摆角速度最小,中间轴处于前端时的横摆角速度最大。因此中间轴处于初始位置时具有更好的抗干扰能力,因为中间轴处于初始位置时无人平台呈中性转向,作用于质心的侧向干扰力与轮胎侧向力不会产生绕车辆质心的横摆力矩;当中间轴不处于初始位置时车辆呈不足转向或过多转向,侧向干扰力与轮胎侧向力会产生绕质心的横摆力矩,加剧车辆的横摆运动。因此,当无人平台受作用于质心的阶跃侧向力时,中间轴应处于初始位置,以减小轨迹偏差。

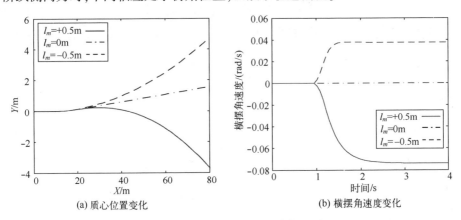

(a) 质心位置变化　　　　　　　(b) 横摆角速度变化

图 3.6　受侧向阶跃力下的车辆运动

3.3.2　抗脉冲干扰的能力分析与增强

　　3.3.1 节研究了阶跃侧向力作用于无人平台质心时的运动,但在实际情况中作用于无人平台质心持续长时间的侧向力的情况并不普遍,无人平台行驶在部分倾斜路面也是一种实际的情况。假设作用于无人平台侧向的脉冲力的时间积分 $Y_0 \Delta t$ 并不大,无人平台在此脉冲侧向力的作用下不会偏离原始路径太多,因此采用固定于地面坐标系来描述无人平台的运动更为方便。无人平台直

线行驶时$|\theta|\ll1$,根据式(3.19)和式(3.20),在脉冲侧向力Y作用下的运动方程可表示为

$$m\frac{d^2y}{dt^2}+\frac{2(K_f+K_m+K_r)}{V}\frac{dy}{dt}+\frac{2(K_fl_f+K_ml_m-K_rl_r)}{V}\frac{d\theta}{dt}-2(K_f+K_m+K_r)\theta=Y$$

$$(3.55)$$

$$\frac{2(K_fl_f+K_ml_m-K_rl_r)}{V}\frac{dy}{dt}+I\frac{d^2\theta}{dt^2}+\frac{2(K_fl_f^2+K_ml_m^2+K_rl_r^2)}{V}\frac{d\theta}{dt}$$
$$-2(K_fl_f+K_ml_m-K_rl_r)\theta=0$$

$$(3.56)$$

当Δt相比无人平台的运动变化周期足够小时,侧向力Y的近似拉普拉斯变换可记为$Y_0\Delta t$,对上述运动方程进行拉普拉斯变换可得到无人平台对脉冲侧向力的响应,分别得到

$$y(s)=\frac{Y\Delta t}{m}\frac{s^2+a_{y1}s+a_{y2}}{s^2(s^2+2\xi'\omega_n's+\omega_n'^2)}$$

$$(3.57)$$

$$\theta(s)=\frac{Y\Delta t}{mIVs}\frac{a_r}{s^2(s^2+2\xi'\omega_n's+\omega_n'^2)}$$

$$(3.58)$$

其中$a_{y1}=2(K_fl_f^2+K_ml_m^2+K_rl_r^2)/IV$,$a_{y2}=-2(K_fl_f+K_ml_m-K_rl_r)/I$,$a_r=-2(K_fl_f+K_ml_m-K_rl_r)$,

$$\omega_n'=\sqrt{\frac{4(K_f+K_m+K_r)(K_fl_f^2+K_ml_m^2+K_rl_r^2)-4(K_fl_f+K_ml_m-K_rl_r)^2}{mIV^2}}-\frac{2(K_fl_f+K_ml_m-K_rl_r)}{I}$$

$$(3.59)$$

$$\xi'\omega_n'=\frac{(K_fl_f^2+K_ml_m^2+K_rl_r^2)+I(K_f+K_m+K_r)}{mIV}$$

$$(3.60)$$

利用拉普拉斯变换终值定理可得到无人平台质心侧向位移y和纵向方向角θ的稳态值。

若$K_fl_f+K_ml_m-K_rl_r=0$,则

$$y=\lim_{s\to0}sy(s)$$
$$=Y_0V\Delta t\frac{K_fl_f^2+K_ml_m^2+K_rl_r^2}{2(K_f+K_m+K_r)(K_fl_f^2+K_ml_m^2+K_rl_r^2)-2(K_fl_f+K_ml_m-K_rl_r)^2}$$

$$(3.61)$$

$$\theta=0$$

$$(3.62)$$

若$K_fl_f+K_ml_m-K_rl_r\neq0$,则

$$y=\lim_{s\to0}sy(s)=\pm\infty$$

$$(3.63)$$

$$\theta = \lim_{s \to 0} s\theta(s)$$

$$= \frac{-Y_0 V \Delta t (K_f l_f + K_m l_m - K_r l_r)}{2(K_f + K_m + K_r)(K_f l_f^2 + K_m l_m^2 + K_r l_r^2) - 2(K_f l_f + K_m l_m - K_r l_r)^2 - mV^2(K_f l_f + K_m l_m - K_r l_r)}$$

$$(3.64)$$

由上式可知当 $K_f l_f + K_m l_m - K_r l_r < 0$，即无人平台趋于不足转向时，在脉冲侧向力的作用下，$y = +\infty$，θ 为正值；当 $K_f l_f + K_m l_m - K_r l_r > 0$，即无人平台趋于过多转向时，在脉冲侧向力的作用下，$y = -\infty$，θ 为负值。当 $K_f l_f + K_m l_m - K_r l_r = 0$，即车辆呈中性转向特性时，在脉冲侧向力的作用下，$y$ 为正值，θ 为零。

将 Simulink 模型输入信号改为脉冲输入信号后，运行计算模型测得结果如图 3.7 所示，由图可知无人平台对脉冲侧向力的响应与对阶跃侧向力的脉冲响应类似，中间轴处于初始位置时作用于质心的侧向干扰力对无人平台运动影响最小，中间轴处于前端时受到侧向干扰力的影响最大，与阶跃响应不同的是，横摆角速度经过一段时间都会趋于零，无人平台最终依然保持直线行驶状态。而对于阶跃响应，无人平台只有当中间轴处于初始位置时横摆角速度收敛于零，中间轴处于其他状态时横摆角速度均收敛于某一数值，无人平台会呈圆周行驶状态。因此可以得出轴距变化策略，当无人平台受到作用于质心的侧向干扰力时应保持前轴距与后轴距相等，即中间轴处于初始位置，此时无人平台运动受到干扰的影响将减至最小。

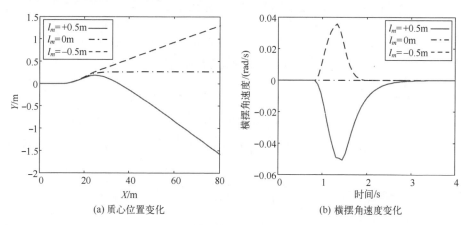

(a) 质心位置变化　　　　　　(b) 横摆角速度变化

图 3.7　受侧向脉冲力下的车辆运动

3.3.3　抗侧风干扰的能力分析与增强

无人平台在高速行驶过程中受到侧向风力作用时，将会产生侧向运动。以

速度 V 直线行驶的无人平台受到速度为 w 的侧向风作用时,无人平台受力情况如图 3.8 所示。作用于无人平台侧向力 Y_w 和横摆力矩 N_w 表达为

$$Y_w = C_y \frac{\rho}{2} S(V^2 + \omega^2) \qquad (3.65)$$

$$N_w = C_n \frac{\rho}{2} l S(V^2 + \omega^2) \qquad (3.66)$$

式中:C_y 为侧向力系数;C_n 为横摆力矩系数。两者均为气流相对侧偏角 β_w 的函数,定义 C_n 逆时针方向为正。ρ 为空气密度,S 为无人平台的迎风面积,l 表示前后轴轴距。侧向力 Y_w 的作用点称为空气力学中心(AC)。设 AC 与无人平台质心的距离为 l_w,并定义 AC 在质心之后时为正。于是,作用于车辆的横摆力矩 N_w 可写为

$$N_w = -l_w Y_w \qquad (3.67)$$

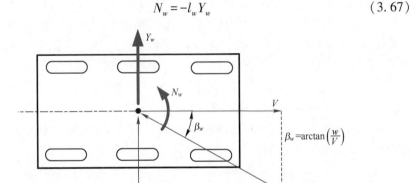

图 3.8　侧风引起的扰动力和横摆力矩

1. 恒定侧风引起的运动

无人平台受到速度恒定的侧风作用时,假定侧向力 Y_w 为阶跃力并作用于车辆的空气力学中心 AC,用固定于无人平台的坐标系表达运动,无人平台的运动方程为

$$mV\frac{d\beta}{dt} + 2(K_f + K_m + K_r)\beta + \left[mV + \frac{2}{V}(K_f l_f + K_m l_m - K_r l_r)\right]r = Y_w \qquad (3.68)$$

$$2(K_f l_f + K_m l_m - K_r l_r)\beta + I\frac{dr}{dt} + \frac{2(K_f l_f^2 + K_m l_m^2 + K_r l_r^2)}{V}r = -l_w Y_w \qquad (3.69)$$

与 3.3.2 节相同,经过拉普拉斯变换可得 β 和 r 的稳态值:

$$\beta = \frac{2(K_f l_f^2 + K_m l_m^2 + K_r l_r^2) - 2l_w l_N(K_f + K_m + K_r) + m l_w V^2}{m I V^2 \omega_n^2} Y_{w0} \qquad (3.70)$$

$$r = \frac{2(l_N - l_w)(K_f + K_m + K_r)V}{mIV^2\omega_n^2}Y_{w0} \qquad (3.71)$$

其中，$l_N = -\dfrac{K_f l_f + K_m l_m - K_r l_r}{K_f + K_m + K_r}$。

由前面的分析可知，当车辆行驶速度小于临界车速时 $\omega_n^2 > 0$，因此 r 的正负值取决于 $l_N - l_w$ 的数值。当 $l_N > l_w$ 时，$r > 0$；当 $l_N < l_w$ 时，$r < 0$；当 $l_N = l_w$ 时，$r = 0$。根据横摆角速度稳态值，可计算得到单位侧风引起的稳态侧向加速度值：

$$S_w = \frac{2(l_N - l_w)(K_f + K_m + K_r)V^2}{mIV^2\omega_n^2} \qquad (3.72)$$

该值被称为侧风敏感系数，用于表征无人平台对侧风干扰的敏感程度指标。

采用相同的数值计算模型，改变力和力矩输入，l_w 取 -0.4，计算得到无人平台在侧向恒风下的运动响应如图 3.9 所示。图 3.9(a) 表示质心运动轨迹，由图可知，中间轴处于后端时对侧风的敏感度最小，侧向位置偏移最小，而中间轴处于前端时车辆质心偏移最为明显。由图 3.9(b) 可知，无论中间轴处于哪个位置，在侧向恒风的影响下横摆角速度最终会保持非零的稳态值，无人平台将保持圆周运动，其中间轴位置越靠后，横摆角速度稳态值越小，圆周运动的半径越大，单位时间内车辆侧向位置偏移量越小。

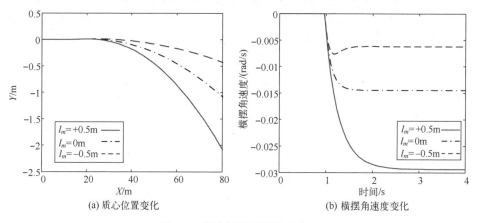

(a) 质心位置变化　　　　　　　　(b) 横摆角速度变化

图 3.9　侧向恒风下的运动响应

2. 侧向阵风引起的运动

考虑无人平台在受到短促的侧向阵风作用下的情况，转向角为零，如果阵风时间足够小，就认为阵风是脉冲输入，采用固定于地面的绝对坐标系来描述无人平台的运动：

$$m\frac{\mathrm{d}^2 y}{\mathrm{d}t^2}+\frac{2(K_f+K_m+K_r)}{V}\frac{\mathrm{d}y}{\mathrm{d}t}+\frac{2(K_f l_f+K_m l_m-K_r l_r)}{V}\frac{\mathrm{d}\theta}{\mathrm{d}t}-2(K_f+K_m+K_r)\theta=Y_w$$

$$\tag{3.73}$$

$$\frac{2(K_f l_f+K_m l_m-K_r l_r)}{V}\frac{\mathrm{d}y}{\mathrm{d}t}+I\frac{\mathrm{d}^2\theta}{\mathrm{d}t^2}+\frac{2(K_f l_f^2+K_m l_m^2+K_r l_r^2)}{V}\frac{\mathrm{d}\theta}{\mathrm{d}t}$$

$$-2(K_f l_f+K_m l_m-K_r l_r)\theta=-l_w Y_w \tag{3.74}$$

通过拉普拉斯变换得到无人平台侧向位置和航向角的稳态值:

$$y=\pm\infty \ (l_N\neq l_w \ \text{时}) \tag{3.75}$$

$$y=\frac{2(K_f l_f^2+K_m l_m^2+K_r l_r^2)-2l_w l_N(K_f+K_m+K_r)}{mIV\omega_n^2}Y_{w0}\Delta t(l_N=l_w \ \text{时}) \tag{3.76}$$

$$\theta=\frac{2(l_N-l_w)(K_f+K_m+K_r)}{mIV\omega_n^2}Y_{w0}\Delta t \tag{3.77}$$

当车速小于临界车速时,无人平台的稳态运动过程可概括为:$l_N>l_w$ 时,$y=+\infty$,θ 为正的恒定值;$l_N=l_w$ 时,y 为正的恒定值,$\theta=0$;$l_N<l_w$ 时,$y=-\infty$,θ 为负的恒定值。无人平台在侧向阵风下运动的数值计算结果如图 3.10 所示,由图 3.10(a)可知,与侧向恒风的影响类似,中间轴处于后端时无人平台受侧风的影响最小,中间轴处于前端时受影响最大。与侧向恒风不同的是,侧向阵风情况下不同轴距的横摆角速度稳态值均为零[图 3.10(b)],因此无人平台最终会保持直线行驶状态。在横摆角速度变化过程中,中间轴处于后端时横摆角速度的峰值最小,受侧风影响的敏感度最小。由此可得出结论,当无人平台行驶在大风的路面时,应调节中间轴至最后端,即增大一、二轴轴距,降低无人平台对侧风的敏感度,增强行驶稳定性和轨迹保持能力。

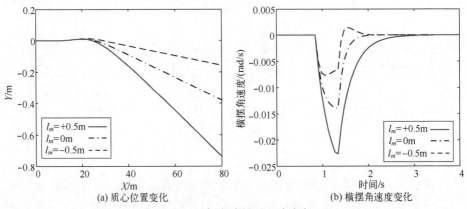

(a) 质心位置变化   (b) 横摆角速度变化

图 3.10 侧向阵风下运动响应

3.4　轴距变化策略仿真验证

▶▶ 3.4.1　转向性能仿真

为验证理论计算结果,将无人平台三维模型导入 ADAMS 中,设置相关的约束和负载后,调用了软件自带的路谱函数,模拟平整路面,建立了轮胎模型,轮胎模型中将轮胎垂直刚度和侧偏刚度均设为定值,仿真设置的相关参数如表 3.2 所示,各参数与表 2.6 中参数取值一致。前后转向轮转角为 8° 的阶跃输入,输入时刻为第 3s,无人平台行驶速度 50km/h,将中间轴前移 0.5m、后移 0.5m 以及中间轴处于初始位置的 3 种情况分别进行仿真计算,3 种情况下的无人平台运行轨迹如图 3.11 所示,从图中可以看出,与中间轴初始位置相比,前移后无人平台趋于过多转向,中间轴后移无人平台趋于不足转向。

表 3.2　Adams 转向仿真参数设置

参数描述	数　值	单　位
整车质量	2500	kg
各悬架簧下质量	40	kg
中间轴与重心的水平距离	−0.5~0.5	m
前轴与重心的水平距离	1.6	m
重心高度	1.25	m
转向角输入	8	°
转向过程中行驶速度	50	km/h
轮胎宽度	0.309	m
轮胎无负载直径	1	m
轮胎垂直刚度	500	N/mm
轮胎侧偏刚度	33.2	N/mm

测得中间轴前移与后移两种情况下质心位置变化如图 3.12(a) 所示,由图可知,两种情况下无人平台的转向半径有所不同,转向半径相差约 5m,中间轴后移转向半径更大。无人平台的横摆角速度响应如图 3.12(b) 所示,由图可知,在第 3s 转角输入阶跃信号后,横摆角速度迅速增大至峰值 45(°)/s,之后经过 1.6s 达到稳态,两次仿真的横摆角速度变化趋势相同,峰值对应的时间一致,主要不同在于无人平台达到稳态后横摆角速度大小不同,中间轴前移后的

稳态横摆角速度值大于中间轴后移的稳态横摆角速度值。图 3.12(c)则表示了无人平台行驶过程中侧向加速度大小,前 3s 无人平台处于直线向前行驶状态,3s 后无人平台转向侧向加速度方向反向,且中间轴前移状态的无人平台侧向加速度更大,在行驶过轨迹最前端后,侧向加速度开始减小且减小速度高于中间轴后移状态的侧向加速度。由图 3.12(d)可知,中间轴前移与中间轴后移相比,后轴车轮的侧偏角更大,因此增大了无人平台过多转向趋势,使得转向半径减小。由图 3.11 的运动轨迹也可以看出,当中间轴后移时无人平台趋于不足转向,中间轴前移时无人平台趋于过多转向,因此横摆控制可通过调节轴距实现,中间轴前移将增大过多转向趋势,中间轴后移将增大不足转向趋势。

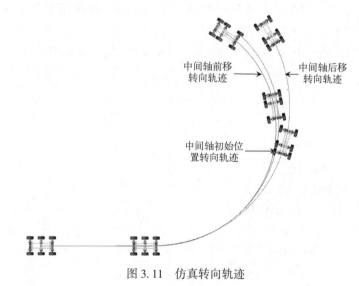

图 3.11　仿真转向轨迹

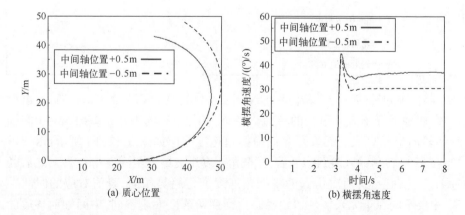

(a) 质心位置　　　　　　　　　(b) 横摆角速度

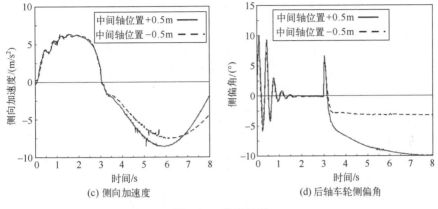

(c) 侧向加速度　　　　　　　　(d) 后轴车轮侧偏角

图 3.12　仿真结果

3.4.2　侧向抗干扰仿真

ADAMS 仿真试验中对行驶中的无人平台施加不同的侧向干扰力,得到无人平台运动响应如图 3.13 所示。图 3.13(a)所示的是无人平台在侧向阶跃干扰力下的运动响应,图 3.13(b)所示的是无人平台在侧向脉冲干扰力下的运动响应。对于作用于质心的侧向阶跃干扰力和脉冲干扰力,中间轴处于初始位置时无人平台横摆角速度变化最小,运动受到的影响最小,中间轴前移时横摆角速度变化最大,运动受到的影响最大。图 3.13(c)和图 3.13(d)分别表示的是无人平台在侧向恒风和侧向阵风下的运动响应,由图可知,中间轴处于后端时无人平台运动受侧向恒风产生的横摆角速度稳态值最小,中间轴处于前端时产

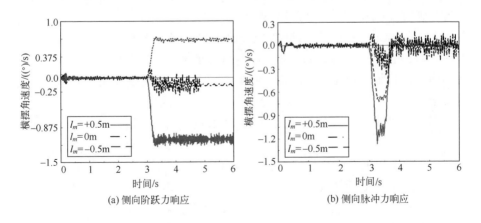

(a) 侧向阶跃力响应　　　　　　(b) 侧向脉冲力响应

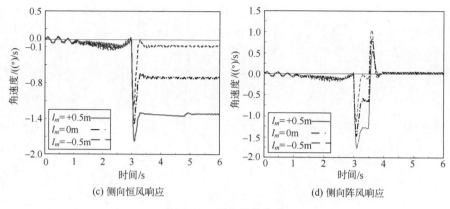

(c) 侧向恒风响应   (d) 侧向阵风响应

图 3.13　侧向干扰响应

生的横摆角速度最大。对于侧向阵风,中间轴处于后端时无人平台产生的瞬时横摆角速度最小,中间轴处于前端时瞬时横摆角速度最大。因此,无人平台遇到作用于质心的侧向干扰力时应保持中间轴处于初始位置,而遇到侧向风时应将中间轴移动至后端以减小横摆运动,所得结论与数值计算所得结论一致。

3.5　小　　结

可变构型行驶系统可根据行驶工况预先改变轴距,从而侧重地提高无人平台转向灵敏度指标或者稳定性指标,增强无人平台转向性能。在无人平台低速行驶时,减小前轴与中间轴轴距增强车辆转向灵敏度并减小车辆侧向位置控制误差,无人平台高速行驶时增大前轴与中间轴轴距使得无人平台趋于不足转向,无人平台行驶稳定性。对于侧向干扰力,可根据侧向力作用位置的不同调整轴距增强无人平台抗干扰能力,保证无人平台在复杂环境下的行驶安全。

本章研究轴距变化对无人平台操纵稳定性的影响主要包括以下两个方面。

(1) 轴距变化影响无人平台操纵性和稳定性。随着中间轴的后移,前轴与中间轴的距离增大,无人平台趋于转向不足,转向稳定性逐渐增强,与此同时无人平台转向灵敏度下降;反之亦然,中间轴前移前轴与中间轴距离的减小将使得无人平台趋于过多转向,转向稳定性减弱但转向灵敏度提高。

（2）不同轴距下无人平台侧向抗干扰能力不同。面对行驶过程中不同的侧向干扰影响，可调整轴距增强无人平台的抗干扰能力。对于作用于质心的脉冲侧向力以及阶跃侧向力干扰，将中间轴后移可减小侧向干扰力的影响；对于侧向风力的作用，根据空气力学中心位置不同调整轴距可减小侧风敏感系数，增强无人平台的抗侧风能力。

此外，所提出的通过轴距调节改善操纵稳定性的方案也可推广应用至普通民用车辆，对于四轮车辆，可增加一对可沿车架纵向移动的从动车轮，对于多轴车辆，增加中间轴的移动功能可达到同样的效果。

第4章　基于可变构型行驶系统的越障性能分析与增强

传统有人车辆一般行驶在结构化路面,对越障能力要求不高,越障高度一般不超过车轮半径,越壕宽度小于车轮直径。而地面无人平台的行驶工况较为复杂,野外行驶中会遇到各类障碍物,因此要求有较强的越障能力。目前越障性能较强的轮式移动平台主要包括轮腿式移动平台和全地形轮式无人平台,轮腿式移动平台越障性能虽强于全地形轮式无人平台,但承载能力弱,控制难度大。本书提出的可变构型行驶系统则结合了全地形轮式无人平台和轮腿式移动平台的特点,在全地形轮式底盘的基础上增加变构型功能,使之具有轮步式行走的特点,增强了越障能力。不同构型下各车轮的越障能力有所不同,如何调整构型来增强无人平台的越障能力将是本章的研究重点。基于静力学和轮胎力学等相关理论,结合无人平台结构参数,通过数值计算得到各参数与越障能力的关系,以数值分析结果为依据提出构型变化策略,最后通过动力学仿真验证并优化构型变化策略。

4.1　基于变轴距的越障性能增强

轴荷是影响无人平台越障性能的重要因素,为分析无人平台的越障性能,需首先分析各轴的轴荷分布情况。对于本书提出的行驶系统,轴距变化后不仅改变了地面对无人平台的支撑点,且改变了各轴轴荷大小,为此有必要分析轴距变化对轴荷分布的影响规律。图4.1所示的是无人平台静止在水平路面上时的受力情况,无人平台各结构参数的含义见表2.6。其中 l_1 为前轴与中间轴的距离, l_2 为后轴与中间轴的距离,两者之和为前轴与后轴的距离,前后轴的距离为定值 l,前轴、中间轴和后轴的轴荷分别用 N_1、N_2、N_3 表示。

由图4.1可得作用力的平衡方程式及对力矩平衡方程式:

$$N_1 + N_2 + N_3 = W \tag{4.1}$$

$$N_3 l + N_2 l_1 = Wa \tag{4.2}$$

各轴轴荷与弹簧挠曲的关系可由下式描述。

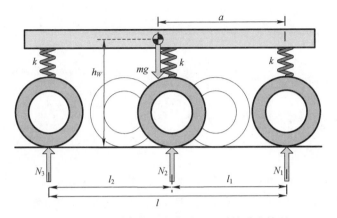

图 4.1　无人平台静止在水平面上时的受力情况

$$N_i = 2k\delta_i \tag{4.3}$$

式中：δ_i 为各轴悬架弹簧变形量。

各悬架弹簧变形量存在几何关系：

$$\frac{\delta_1 - \delta_3}{\delta_2 - \delta_3} = \frac{l}{l - l_1} \tag{4.4}$$

解方程式(4.1)~式(4.4)可得各轴轴荷：

$$\begin{cases} N_1 = \left(\dfrac{l_1 - a}{l_1} + \dfrac{l - l_1}{l_1} \dfrac{l_1^2 + 2la - l_1 l - l_1 a}{2l_1^2 + 2l^2 - 2l_1 l} \right) W \\[3mm] N_2 = \left(\dfrac{a}{l_1} - \dfrac{l}{l_1} \dfrac{l_1^2 + 2la - l_1 l - l_1 a}{2l_1^2 + 2l^2 - 2l_1 l} \right) W \\[3mm] N_3 = \dfrac{l_1^2 + 2la - l_1 l - l_1 a}{2l_1^2 + 2l^2 - 2l_1 l} W \end{cases} \tag{4.5}$$

当无人平台静止或匀速行驶在坡度角为 θ 的路面上时，由力和力矩平衡方程，以及悬架变形几何关系可得

$$\begin{aligned} & N_{\theta 1} + N_{\theta 2} + N_{\theta 3} = W\cos\theta \\ & N_{\theta 3} l + N_{\theta 2} l_1 = Wa\cos\theta + Wh_W\sin\theta \\ & \frac{\delta_{\theta 1} - \delta_{\theta 3}}{\delta_{\theta 2} - \delta_{\theta 3}} = \frac{l}{l - l_1} \\ & N_{\theta i} = k\delta_{\theta i} \end{aligned} \tag{4.6}$$

解上述方程组可得坡面上的各轴轴荷：

$$N_{\theta 1}=\left(\frac{1}{l_1}(l_1\cos\theta-a\cos\theta-h_W\sin\theta)+\left(\frac{l}{l_1}-1\right)\frac{(l_1^2+2la-l_1l-l_1a)\cos\theta+(2h_Wl-h_Wl_1)\sin\theta}{2l_1^2+2l^2-2l_1l}\right)W$$

$$N_{\theta 2}=\left(\frac{1}{l_1}(a\cos\theta+h_W\sin\theta)-\frac{l}{l_1}\frac{(l_1^2+2la-l_1l-l_1a)\cos\theta+(2h_Wl-h_Wl_1)\sin\theta}{2l_1^2+2l^2-2l_1l}\right)W$$

$$N_{\theta 3}=\frac{(l_1^2+2la-l_1l-l_1a)\cos\theta+(2h_Wl-h_Wl_1)\sin\theta}{2l_1^2+2l^2-2l_1l}W$$

$$(4.7)$$

将表 2.6 中的参数数值代入式（4.5）中计算，可得到无人平台行驶在平坦路面时轴距 l_1 与各轴轴荷的关系，如图 4.2（a）所示。由图可知，轴距变化会影响各轴轴荷大小，中间轴前移时，前轴与中间轴轴荷减小，后轴轴荷增大；中间轴后移时前轴轴荷增大，后轴与中间轴轴荷减小。中间轴在初始位置时轴荷达到最大值。图 4.2（b）所示的是无人平台在 30° 斜坡路面上行驶时轴距变化对轴荷的影响，从图中可以看出，斜坡路面上前后轴轴荷的变化趋势与平坦路面一致，不同的是各轴轴荷数值不同且差异较大。此外，斜坡路面上中间轴轴荷随着中间轴的后移逐渐增大。

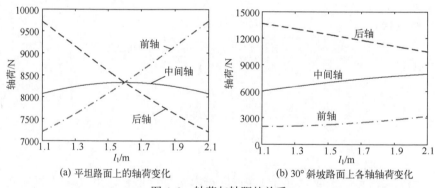

(a) 平坦路面上的轴荷变化　　　　(b) 30° 斜坡路面上各轴轴荷变化

图 4.2　轴荷与轴距的关系

▶ 4.1.1　越台阶障碍能力分析与增强

本节将对无人平台越障过程进行受力分析，推导得出结构参数与越障能力的关系，并通过数值计算得到轴距与最大越障高度的数值关系。研究的障碍对象简化为垂直障碍，越障过程中速度很慢，忽略惯性力的影响。无人平台越障时的整体受力情况如图 4.3 所示，图中 μ 为地面附着系数，N_O 为台阶障碍对前轴车轮的正压力，其他参数的含义与表 2.6 相同。通过力平衡、力矩平衡以及悬架变形的几何关系可建立越障力学分析模型，基于该模型可计算得到越障高度与无人平台结构参数的关系。

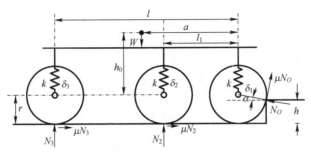

图 4.3　无人平台越障整体受力分析

　　然而图 4.3 所示的越障力学分析中并没有考虑到轮胎和土壤变形所带来的影响,因此计算得到的越障高度不够精确。为计算得到准确的越障高度,需考虑轮胎和土壤变形等因素,以单个车轮为分析对象时车轮受力情况如图 4.4 所示,车轮在接触高度为 h_0 的障碍之前车轮相对地面下陷 h_{zs}[图 4.4(a)],车轮驱动转矩 T_W,车轮半径 r,W_i 为车轮所受轮荷,R_z 和 F_W 分别为土壤对车轮的垂向力和推力。车轮接触障碍后轮胎发生形变[图 4.4(b)],接触部分轮胎径向变形量为 h_n,障碍对车轮法向作用力为 F_n,对车轮的切向力为 F_t,无人平台本体对车轮的推力为 F_{frame}。随着车轮的提升,R_z 和 F_W 逐渐减小至零[图 4.4(c)],此时车轮底部与地面不再接触,F_n 与竖直方向的夹角为 α。

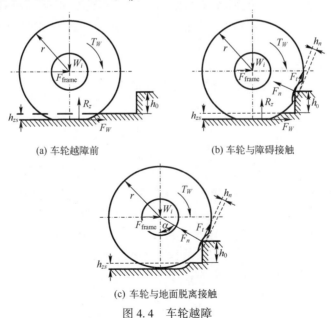

(a) 车轮越障前　　　　　　　　　　(b) 车轮与障碍接触

(c) 车轮与地面脱离接触

图 4.4　车轮越障

根据作用在轮胎径向和切向方向的力平衡可得

$$F_t + F_{\text{frame}}\cos\alpha - W_i\sin\alpha = 0$$
$$F_n - F_{\text{frame}}\sin\alpha - W_i\cos\alpha = 0 \tag{4.8}$$

由几何关系可知

$$\cos\alpha = \frac{r - h_{zs} - h_0}{r - h_n} \tag{4.9}$$

车轮与障碍接触部分的法向受力与切向受力存在如下关系。

$$F_t = \mu_p F_n \tag{4.10}$$

式中：μ_p 为车轮与障碍的附着系数，此处的附着系数比车轮与地面的附着系数高出 $20\% \sim 30\%$[116]，结合式（4.8）~式（4.10）解得

$$h_0 = r\left[1 - \frac{h_{zs}}{r} - \frac{1 - h_n/r}{\sqrt{1 + \left[(\mu_p W_i + F_{\text{frame}})/(W_i - \mu_p F_{\text{frame}})\right]^2}}\right] \tag{4.11}$$

由式（4.11）可知，无人平台可越过的障碍高度 h_0 与车轮半径 r、车轮所受轮荷 W_i、车轮沉陷量 h_{zs}、轮胎与障碍接触部分的变形量 h_n、无人平台本体对车轮的推力 F_{frame}、车轮与障碍的附着系数 μ_p 等参数有关。以上参数中，车轮半径已知，车轮沉陷量、轮胎与障碍接触部分的变形量、车轮与障碍的附着系数等参数与土壤特性和轮胎特性有关。车轮所受轮荷和车轮所受推力与无人平台参数有关。

假设同轴车轮轮荷相同，车轮与路面的附着系数为 μ，通过整体的受力分析，式（4.8）中无人平台本体对车轮的推力 F_{frame} 可通过进一步推算得到

$$F_{\text{frame}} = \frac{1}{2}\mu(W - 2W_i) \tag{4.12}$$

将式（4.11）进一步简化，得到前轴车轮越障高度：

$$h_0^1 = r\left[1 - \frac{h_{zs}}{r} - \frac{1 - h_n/r}{P}\right] \tag{4.13}$$

其中，

$$P = \sqrt{1 + \left[(2\mu_p W_i + \mu W\cos\gamma - 2\mu W_i)/(2W_i - \mu\mu_p W\cos\gamma + 2\mu\mu_p W_i)\right]^2} \tag{4.14}$$

由式（4.13）可知，除结构参数外，车轮沉陷量 h_{zs}、轮胎与障碍接触部分的变形量 h_n 同样影响越障高度。为得到车轮沉陷量 h_{zs}，需首先确定在给定的行驶条件下是将车轮认为是刚性轮还是弹性轮。判定的条件是胎压 p_i 和胎壁刚度 p_c 之和是否大于轮胎与地面接触面最低点的压力 p_{cr}，若 $p_i + p_c < p_{cr}$，则车轮可视为弹性轮，路面为硬路面，则车轮沉陷量 h_{zs} 可通过下式计算[117]。

$$h_{zs} = \left(\frac{p_i + p_c}{k_c/b + k_\varphi}\right)^{1/n} \tag{4.15}$$

式中: k_c 为土壤黏聚变形模数; k_φ 为土壤摩擦变形模数; n 为土壤变形指数。

若 $p_i + p_c > p_{cr}$，将车轮视为刚性车轮，路面为松软路面，此时车轮沉陷量通过下式确定[118]。

$$h_{zs} = \left[\frac{3W_i}{(k_c + bk_\varphi)\sqrt{D}(3-n)} \right]^{\frac{2}{2n+1}} \quad (4.16)$$

轮胎与障碍接触部分的变形量可通过车轮与障碍法向接触力以及轮胎垂直刚度 C_T 进行计算:

$$h_n = \frac{F_n}{C_T} \quad (4.17)$$

其中 F_n 可由式(4.8)得到

$$F_n = W_i \cos\alpha + F_{frame} \sin\alpha \quad (4.18)$$

至此，由上述公式可得到越障高度与轮荷 W_i 的关系，车轮为弹性轮的越障高度计算式为

$$h_0^1 = r - \left(\frac{p_i + p_c}{k_c/b + k_\varphi} \right)^{1/n} - \frac{2r - [2(\cos\alpha - \mu\sin\alpha)W_i + \mu W\sin\alpha]/C_T}{2P} \quad (4.19)$$

车轮为刚性轮的越障高度计算式为

$$h_0^1 = r - \left[\frac{3W_i}{(k_c + bk_\varphi)\sqrt{D}(3-n)} \right]^{\frac{2}{2n+1}} - \frac{2r - [2(\cos\alpha - \mu\sin\alpha)W_i + \mu W\sin\alpha]/C_T}{2P}$$

$$(4.20)$$

本书所提出的行驶系统选用尺寸 305/80R20 的大花纹多用途越野轮胎，其各项性能参数如表 4.1 所示，表中还列举了用于数值计算的一种普通黏土特性参数。

表 4.1　轮胎与土壤特性参数

参　　数	参　数　描　述	数　值	单　　位
D	轮胎直径	0.996	m
b	轮胎宽度	0.309	m
p_i	轮胎气压	90	kPa
p_c	胎壁等效单位压力	80	kPa
C_T	轮胎垂直刚度	500	kN/m
μ_p	轮胎与障碍的附着系数	0.6	—
n	土壤变形指数	0.5	—
k_c	土壤黏聚变形模数	13	kN/m$^{(n+1)}$
k_φ	土壤摩擦变形模数	630	kN/m$^{(n+2)}$

为得到轴距变化对越障性能的影响,将表4.1和表2.6中各参数代入式(4.19)和式(4.20),通过MATLAB数值计算可得到各轴可通过的障碍高度与轮荷的关系,如图4.5所示,由图可知轮荷为2900N左右时越障能力最强,超过这个轮荷后,随着轮荷的增大越障高度逐渐减小。假设同轴的两侧车轮轮荷相等,由图4.2(a)可以知道轮荷变化区间为3600~4860N。由图4.5(a)可知,轮荷由4860N降为3600N后,越障高度由308mm变为415mm(行驶在硬路面上,视车轮为弹性轮)。由图4.5(b)可知,轮荷由4860N降为3600N后越障高度由344mm变为459mm(行驶在松软路面上,视车轮为刚性轮)。轮荷调整后,不论是刚性轮还是柔性轮,车轮越障能力均得到明显提升。因此为优化各轴的越障能力,在轮荷变化的范围内应尽可能减小越障轴车轮轮荷。前轴越障时应减小前轴与中间轴轴距 l_1 以减小前轴车轮轮荷,后轴越障时则应增大前轴与中间轴轴距 l_1 以减小后轴车轮轮荷,由于 l_1 对中间轴轮荷影响很小,中间轴越障时可保持不变。根据此分析结论,可提出越障过程中的轴距调节策略:①无人平台越障前,中间轴前移以减小 l_1 并减小前轴车轮轮荷;②前轴车轮越过障碍后,轴距保持不变,中间轴越障;③中间轴越过障碍后,中间轴后移以增大 l_1 并减小后轴车轮轮荷,之后保持轴距不变直至后轴越障结束。

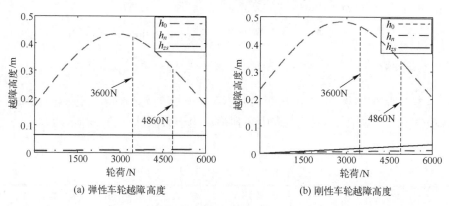

(a) 弹性车轮越障高度　　　　　(b) 刚性车轮越障高度

图4.5　越障高度

▶ 4.1.2　越壕能力分析与增强

对于宽度小于车轮直径的壕沟,车轮越壕分析如图4.6所示,由图中几何关系可以得到越壕宽度与越障高度的关系为

$$l_d = \sqrt{\left(\frac{D}{2}\right)^2 - \left(\frac{D}{2} - h_0\right)^2} + \sqrt{\left(\frac{D}{2} - h_n\right)^2 - \left(\frac{D}{2} - h_0\right)^2} \tag{4.21}$$

式中:h_0为无人平台不变轴距时可通过的越障高度。根据 4.1.1 节计算结果取 0.35m,代入式(4.21)计算得到可通过的壕沟宽度为 0.88m。

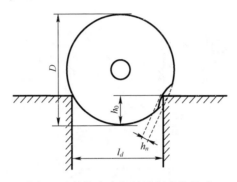

图 4.6 越壕宽度与越障高度的关系

对于宽度大于车轮直径的壕沟,二轴车辆和轴距固定的三轴车辆是不能通过的。具体原因为:二轴车辆在前轮通过宽度大于轮径的壕沟时,受车轮直径限制,前轮还未与壕沟一端接触就失去了来自地面的支撑,车辆会向前发生倾翻;三轴车辆可能发生前倾翻或后倾翻两种情况,倾翻的情况取决于重心位置,若重心位置位于前轴与中间轴之间,则倾翻情况与二轴车辆相同,同样由于前轮失去地面支撑造成,如图 4.7(a)所示,若车辆重心位置位于中间轴与后轴之间,则前轴可顺利通过壕沟,但后轴越壕时车辆向后倾翻,如图 4.7(b)所示。而对于本书提出的轴距可变无人平台,可通过采取图 4.8 所示的轴距变化策略通过壕沟,通过实时调整路面对中间轴的支撑位置来保证无人平台姿态稳定。前轴越壕沟前将中间轴前移,如图 4.8(a)所示,随着无人平台的行驶前轴车轮悬空,无人平台依靠中间轴和后轴支撑,如图 4.8(b)所示,前轴车轮越过壕沟后中间轴随即后移,如图 4.8(c)所示,随着无人平台的前进中间轴通过壕沟,如图 4.8(d)所示,保持中间轴位置不变后轴越壕沟,后轴车轮悬空时无人平台依靠前轴与中间轴的支撑保持稳定,如图 4.8(e)所示,无人平台继续向前行驶至完成越壕,如图 4.8(f)所示。采取这种过壕沟的策略后,可通过的壕沟宽度将突破车轮直径的限制,变轴距越壕时的几何分析如图 4.9 所示,由该图可计算得到最大的越壕宽度为

$$l_d' = l_{1min} + \sqrt{\left(\frac{D}{2} - h_n\right)^2 - \left(\frac{D}{2} - h_0\right)^2} \quad\quad (4.22)$$

式中:l_{1min}为中间轴前移后,前轴与中间轴的轴距,为 1.1m。将参数代入式(4.22)进行计算,得到采取变轴距方法后可通过的壕沟宽度可增大至 1.54m,相比不变轴距情况下越壕宽度 0.88m,越壕能力明显提升。

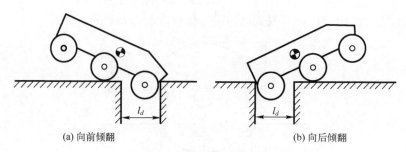

(a) 向前倾翻   (b) 向后倾翻

图 4.7 不变轴距越壕沟

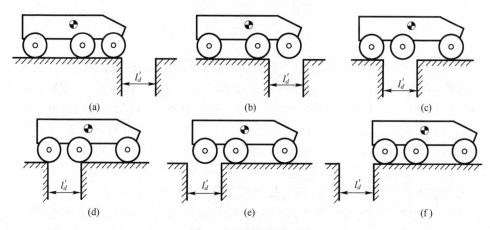

(a)   (b)   (c)

(d)   (e)   (f)

图 4.8 变轴距越壕沟

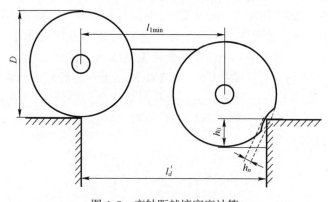

图 4.9 变轴距越壕宽度计算

4.2　基于变构型的越障性能增强

轴距变化能够在短时间内实现,但轴距变化对增强无人平台越障性能的效果一般,因此轴距变化策略适合快速但越障难度不高的越障过程,而面对障碍更为复杂的地形则需要将轴距变化和车轮高度变化结合,即通过构型变化以进一步增强无人平台的越障性能。

▶ 4.2.1　车轮越障性能分析

4.1 节通过对车轮越障能力的分析得到了土壤参数和轮胎参数对车轮越障能力的影响,相比于轮荷和轮胎参数,土壤参数对越障高度的影响较小,为简化分析过程,后续的分析过程将忽略土壤变形的影响。通过轴距变化的方式可通过障碍的高度依然小于车轮半径,而变构型的目的则是通过高度大于车轮半径的障碍,车轮通过高度大于车轮半径的障碍的力学分析不同于通过高度小于车轮半径的障碍,如图 4.10 所示。

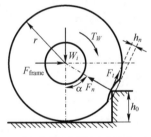 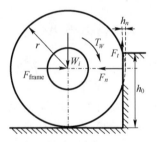

(a) 障碍高度小于车轮半径　　　　　　(b) 障碍高度大于车轮半径

图 4.10　车轮越障受力分析

对于障碍高度大于车轮半径的情形:

$$F_t = W_i, \quad F_n = F_{frame}, \quad F_t = uF_n \tag{4.23}$$

采用与 4.1 节相同的车轮越障高度计算方法,忽略土壤变形,得到车轮越过高度大于车轮半径的障碍的必要条件为

$$W_i = \frac{\mu^2 W}{2(1+\mu^2)} \tag{4.24}$$

将各参数代入式(4.19)和式(4.24),通过 MATLAB 数值计算得到障碍高度小于车轮半径时可通过的障碍高度与轮荷的关系如图 4.11(a)所示。由图可知,不同附着系数条件下的越障高度随车轮载荷的变化趋势相同,差异之处仅

在于不同附着系数下最大越障高度对应的车轮载荷不同。车轮载荷较小时越障高度随着载荷的增大而增大,当车轮载荷超过最大越障高度对应的载荷后,越障高度随着车轮载荷的增大逐渐下降。障碍高度大于车轮半径时所需要的附着系数与车轮载荷的关系如图 4.11(b) 所示,由图可知,随着车轮载荷的增加所需要的附着系数逐渐增加,当车轮载荷达到 6250N 时所需的附着系数为 1。

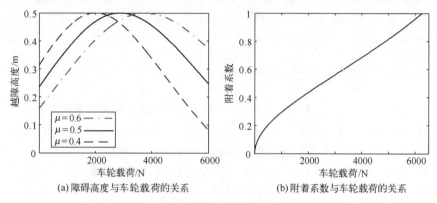

(a) 障碍高度与车轮载荷的关系　　　　(b) 附着系数与车轮载荷的关系

图 4.11　车轮载荷的影响

4.2.2　越障整体受力分析

4.2.1 节分析了车轮的越障能力,并通过数值计算得到了车轮载荷与车轮越障能力的关系。然而在越障过程中,各车轮载荷受无人平台越障姿态的影响,若需要获取准确的车轮载荷,则需对无人平台进行整体的受力分析。本书在第 2 章中提出的越障高度指标高度大于车轮直径,因此整体力学分析仅考虑障碍高度大于车轮半径的情况。图 4.12 所示的是越障过程中的力学分析,针对高度大于车轮直径的障碍可采取的越障方式有两种。图 4.12(a) 所示的是车轮沿障碍攀爬的越障方式,图 4.12(b) 所示的是将车轮提起一定高度使得车轮轮心高于障碍的越障方式,β 为前轴车轮轮心与后轴车轮轮心连线与水平线的夹角,图中其余各参数意义同上。由第 4.1 节的计算可知轮胎变形量为 10mm 左右,仅为车轮半径的 2%,因此计算车轮载荷的过程中忽略轮胎变形的影响。

由图 4.12(a) 可得前轮低于障碍高度时水平、竖直方向作用力的平衡方程式及对前轴的力矩平衡方程式:

$$\mu N_1 + N_2 + N_3 = W \tag{4.25}$$

$$\mu N_2 + \mu N_3 = N_1 \tag{4.26}$$

$$\mu r N_1 + N_2 [\mu(r+s) - l\cos\beta + (l-l_1)\sec\beta] + N_3 [\mu(r+s) - l\cos\beta] + W(a + h_0\tan\beta)\cos\beta = 0 \tag{4.27}$$

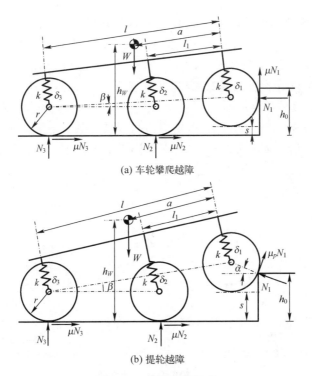

(a) 车轮攀爬越障

(b) 提轮越障

图 4.12 前轮越障方式

其中 $\sin\beta = s/l$，弹簧变形几何关系为

$$(l-l_1)\delta_1 - l\delta_2 + l_1\delta_3 = l(l-l_1)\tan\beta \tag{4.28}$$

作用在各车轮的反作用力与弹簧挠曲的关系：

$$\begin{cases} N_1[\sin\beta + \mu\cos\beta] = 2k\delta_1 \\ N_2(\cos\beta - \mu\sin\beta) = 2k\delta_2 \\ N_3(\cos\beta - \mu\sin\beta) = 2k\delta_3 \end{cases} \tag{4.29}$$

由于方程参数较多，不易求得解析解，需通过 MATLAB 数值计算进行求解。首先通过式(4.25)~式(4.27)解得各轴车轮与地面的作用力 N_1、N_2、N_3，代入参数后结合式(4.28)和式(4.29)解得车轮攀爬高度 s 与附着系数 μ 的关系，不同弹簧刚度下车轮攀爬高度 s 与附着系数 μ 的关系如图 4.13(a)所示。由图可知，越障初始时刻所需的附着系数与弹簧刚度无关，均为 0.55，当附着系数小于 0.55 时，无论弹簧刚度如何，车轮都不能越过高度大于车轮半径的障碍。在弹簧刚度较小时随着攀爬高度的增加，所需要的附着系数逐渐较小，在越障初始位置时所需的附着系数最大。当弹簧刚度为 40N/mm 时，所需附着系数随着攀爬高度的增大而增大。当弹簧刚度为 80N/mm 时，相同攀爬高度下所需附着系数更大,随着攀爬高度的增加,所需附着系数随之增加且增加幅度更大,当攀爬高度为 0.3m 时,所需的附着系数接近 1。因此车轮沿障碍攀爬的越障方式严重受限于附着系数,从而导致越障能力有限。图 4.13(b)所示的是车轮攀爬过程中前轴车轮载荷的变化情况,当弹簧刚度为 40N/mm 或 80N/mm,前轴车轮载荷随攀爬高度的增大而增大,当弹簧刚度为 5N/mm 时,前轴车轮载荷随攀爬高度的增大而减小。由此可知,车轮载荷与附着系数有着相同的变化趋势,这也与式(4.24)所表述的关系相一致,即车轮载荷越大,所需附着系数越大。

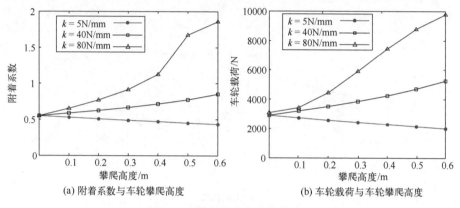

(a) 附着系数与车轮攀爬高度　　　　　(b) 车轮载荷与车轮攀爬高度

图 4.13　攀爬越障方式数值分析

为降低越障性能对附着系数的要求,可通过行驶系统的构型变化将车轮轮心提高至障碍之上再进行越障,此时车轮的受力情况如图 4.12(b)所示,由力平衡和力矩平衡可得方程组:

$$N_1(\sin\alpha+\mu_p\cos\alpha)+N_2+N_3=W \tag{4.30}$$

$$N_1(\mu_p\sin\alpha-\cos\alpha)+\mu N_2+\mu N_3=0 \tag{4.31}$$

$$\mu_p r N_1+N_2\left[\mu(r+s)-l\cos\beta+(l-l_1)\sec\beta\right]+N_3\left[\mu(r+s)-l\cos\beta\right]$$
$$+W(a+h_0\tan\beta)\cos\beta=0 \tag{4.32}$$

其中 $\sin\alpha=1+(s-h)/r$,弹簧变形关系同式(4.31)。

作用在各车轮的反作用力与弹簧挠曲的关系为

$$\begin{cases} N_1\left[\sin(\alpha+\beta)+\mu\cos(\alpha+\beta)\right]=2k\delta_1 \\ N_2(\cos\beta-\mu\sin\beta)=2k\delta_2 \\ N_3(\cos\beta-\mu\sin\beta)=2k\delta_3 \end{cases} \tag{4.33}$$

由力平衡和力矩平衡方程可解得各轴车轮与地面的作用力 N_1、N_2、N_3 的解析式,代入已知参数并结合式(4.28)和式(4.32)进行数值计算,计算过程中车轮与地面的附着系数取 0.4,得到不同弹簧刚度下车轮提起高度与越障高度的关系如图 4.14(a) 所示,由图可知,不同弹簧刚度下越障高度均随着车轮提起高度增大而增大,即车轮提起得越高越障能力越强。在车轮处于同一提起高度下,弹簧刚度越小,前轮越障能力越强。弹簧刚度 40N/mm 时计算得到越障高度与附着系数的关系如图 4.14(b) 所示。由图可知,越障高度随着附着系数的增大而增大,车轮提起高度较小时附着系数对越障高度的影响更明显,越障高度大于抬起高度与车轮半径之和的情况不在方程计算区间内,因此图中各曲线均有一定范围。此外,图 4.14(a) 和图 4.14(b) 的结果均显示车轮提起高度越大,越障能力越强,所以增大车轮提起高度是增强越障能力的有效方式。

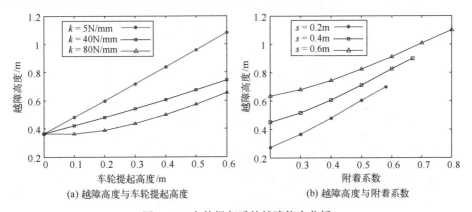

(a) 越障高度与车轮提起高度　　　(b) 越障高度与附着系数

图 4.14　车轮提起后的越障能力分析

对比图 4.12(a) 与图 4.12(b) 两种越障方式的分析结果可知,当附着系数为 0.4 时,图 4.12(a) 所示越障方式不能通过高度大于车轮半径的障碍,而图 4.12(b) 所示的方式仅需将车轮提起 0.25m 便可越过高度等于车轮半径的障碍,且随着提起高度的进一步增大,可通过障碍的高度也进一步增大。因此,图 4.12(b) 的越障方式明显优于图 4.12(a) 所示的越障方式。对无人平台的中间轴和后轴车轮用同样的方法进行分析,分析过程不再赘述,经过分析可得出相同的结论:随着车轮提起高度的增大,可通过障碍的高度也随之增大。

▶ 4.2.3　越障策略设计

对于不能提轮的车辆只能采用沿障碍攀爬的越障方式,其越障性能严重依赖附着系数,附着系数较低时越障性能较差。本书提出的可变构型行驶系统可通过构型变化实现提轮功能,进而能实现提轮越障方式,降低对附着系数的要求,提高越障能力。经过分析可知,车轮提起高度的增加将有助于越障性能的提升,因此越障运动策略的设计目标就是实现越障车轮提起高度的最大化。为通过构型变化以最大限度提起车轮,行驶系统构型变化过程中将油气弹簧被动行程锁止,油气弹簧可视为刚度很大的弹簧,可忽略轴荷变化产生的弹簧挠度变化。

前轮越障时的构型变化如图 4.15 所示,$\Delta\delta_1$、$\Delta\delta_2$、$\Delta\delta_3$ 分别为各轴悬架伸张量,最大伸张量均为 0.5m,h_{l3} 为后车轮轮心与悬架上支点的距离。

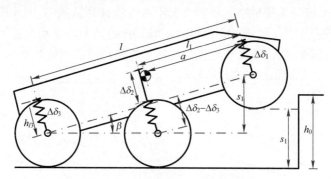

图 4.15　前轮越障时的构型变化

为使得前轮提起高度最大,前轴悬架必定收缩至最短,即 $\Delta\delta_1 = 0$,根据图中几何关系可知前轮提起高度计算式为

$$s_1 = l\sin\beta, \beta = \tan^{-1}\left(\frac{\Delta\delta_2 - \Delta\delta_3}{l - l_1}\right) \tag{4.34}$$

式中:$\Delta\delta_2$、$\Delta\delta_3$、l_1 为可调参数。由上式可知,当 $\Delta\delta_2$ 和 l_1 取最大值,$\Delta\delta_3$ 取最小值时前轮提起高度 s_1 最大。调节 l_1 的过程中必须保证中间轴地面支撑点在重心之前:

$$(l - l_1)\sec\beta \geqslant a\cos\beta - h_{l3}\sin\beta \tag{4.35}$$

结合式(4.34)和式(4.35)以 s_1 最大值为优化目标,求得 $\Delta\delta_2$、$\Delta\delta_3$、l_1、s_1 的最优值分别为

$$\Delta\delta_2 = 0.5m, \ \Delta\delta_3 = 0, \ l_1 = 1.92m, \ s_1 = 1.16m \tag{4.36}$$

需要说明的是,$l_1 = 1.92m$ 是无人平台不发生倾翻的临界条件,为保证无人平台行驶过程中的姿态稳定,l_1 一般小于 1.92m。由取值结果可知,中间轴悬架应伸张至最大行程,前轴悬架和后轴悬架应收缩至最短行程,此外,为保证前轮被提起,应在中间轴伸张后先缩短后轴行程再缩短前轴行程。至此,前轴车轮越障的构型变化策略为:①中间轴悬架伸张至最大行程;②后轴悬架收缩至最小行程;③前轴悬架收缩至最小行程;④中间轴后移,后移量小于 0.32m,具体数值需通过仿真进一步设计。

中间轴车轮越障时,为避免车身底部与障碍发生接触,并尽可能增大中间

轴车轮的提起高度,前轴悬架和后轴悬架应伸至最大行程,中间轴车轮缩短至最小行程,如图 4.16 所示。

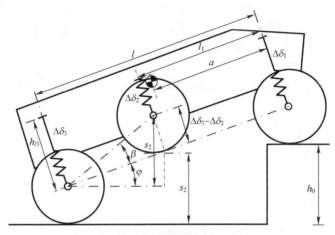

图 4.16　中间轴车轮越障动作

中间轴车轮提起高度为

$$s_2 = (l-l_1)\sin\varphi + (\Delta\delta_3 - \Delta\delta_2)\cos\varphi \tag{4.37}$$

如图 4.16 中,$\beta = \tan^{-1}[(\Delta\delta_3 - \Delta\delta_2)/(l-l_1)]$,俯仰角 $\varphi = \sin^{-1}(h_0/l)$,结合上式可知,当 $\Delta\delta_3$ 取最大值,$\Delta\delta_2$ 和 l_1 取最小值时中间轮提起高度 s_2 最大。中间轴车轮爬上障碍后,应避免前轴车轮悬空,同时应使得后轴车轮悬空,中间轴车轮与地面的接触点应在无人平台重心之后,即

$$(l-l_1)\sec\beta\cos(\beta+\varphi) \leqslant a\cos\varphi - h_{l3}\sin\varphi \tag{4.38}$$

以 s_2 最大值为优化目标,以式(4.38)为约束条件,可求得 $\Delta\delta_2$、$\Delta\delta_3$、l_1、s_1 的最优值分别为

$\Delta\delta_2 = 0$,　$\Delta\delta_3 = 0.5\text{m}$,　$l_1 = 1.6 + 0.3\tan\varphi$,　$s_1 = (1.6 - 0.3\tan\varphi)\sin\varphi + 0.5\cos\varphi$

$l_1 = 1.6 + 0.3\tan\varphi$ 是前轮不悬空的临界条件,为保证无人平台行驶过程中的姿态稳定,l_1 应大于 $1.6 + 0.3\tan\varphi$。由取值结果可知,中间轴车轮越障时前轴悬架和后轴悬架应伸张至最大行程,中间轴悬架应收缩至最小行程。因此,中间轴车轮越障的构型变化策略为:①后轴悬架伸张至最大行程;②前轴悬架伸张至最大行程;③中间轴悬架收缩至最小行程;④中间轴根据无人平台俯仰角调整位置,需通过仿真进一步设计。

中间轴车轮越过障碍后,无人平台重心处于前轴与中间轴之间,此时先将前轴悬架收缩至最小行程使得后轴车轮被提起,然后将后轴悬架收缩至最小行程以进一步增大后轴车轮的提起高度,如图 4.17 所示。因此,后轴车轮越障的构型变化策略为:①前轴悬架收缩至最小行程;②后轴悬架收缩至最小行程。

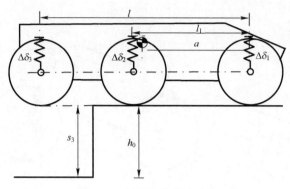

图 4.17　后轴车轮越障动作

4.3　越障性能仿真研究

▶ 4.3.1　变轴距越障仿真

　　为验证越障过程中轴距变化策略的有效性,在仿真软件 Adams 中建立动力学仿真模型,模型中的轮胎特性参数按表 4.1 中选取,利用有限元软件建立了路谱,路谱中台阶障碍高度为 0.4m,按拟定的轴距变化策略设计仿真步骤后,运行仿真模型,仿真过程中无人平台的越障过程如图 4.18 所示。为防止越障过程中车轮悬空,越障之前利用油气弹簧降低车身高度,中间轴前移,无人平台状态由图 4.18(a)变为图 4.18(b),随着无人平台的前进前轴车轮越过障碍,如图 4.18(c)所示,保持轴距不变无人平台继续行驶,中间轴车轮开始越障,如图 4.18(d)所示,中间轴越过障碍后[图 4.18(e)],中间轴后移以增大前轴与中间轴的轴距,如图 4.18(f)所示,无人平台继续前进后轴开始越障,如图 4.18(g)所示,后轴越障完成后仿真结束。

　　为了进行对比分析,对无轴距变化的越障过程进行了仿真,两次仿真的运行时间和运动驱动等条件设置均相同,两次仿真测得的数据如图 4.19 所示,图 4.19(a)表示了无人平台各轴位置在垂直方向上的变化,由图可知,有轴距调节的越障过程中无人平台各轴垂向位置均增大了 400mm,说明各轴越障成功,而没有轴距调节时后轴的垂向位置没有发生变化,说明后轴没能越过障碍。图 4.19(b)表示了两种越障过程中车辆重心在纵向行驶方向上的速度变化,图中可以看出没有轴距调节时无人平台 25s 后行驶速度逐渐减为 0,与图 4.19(a)相对

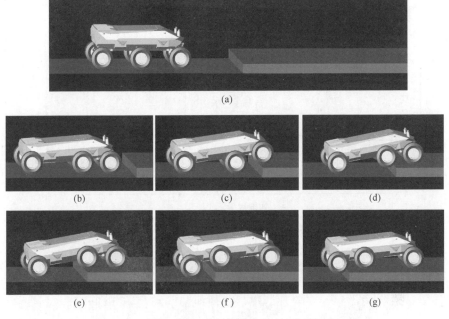

图 4.18 越障仿真

应,说明没有轴距调节时后轴不能越过障碍。为进一步检测无人平台越障状态,测得前轴车轮与后轴车轮的纵向滑移率如图 4.19(c)和图 4.19(d)所示,通过与图 4.19(c)与图 4.19(d)对比可知,滑移率每次峰值均出现在各车轮刚接触障碍时,此时无人平台遇到的行驶阻力最大,因此各轮出现了不同程度的滑转,在没有轴距调节的情况下后轴越障时,前后轴车轮则一直处于完全滑转的状态,再次验证了后轴不能越过障碍的情况。因此,两次对比仿真试验的试验数据验证了轴距变化策略的有效性。

 ### 4.3.2 变轴距越壕仿真

同样地,为验证无人平台越壕过程轴距变化策略的有效性,对越壕过程进行仿真。在有限元软件中建立包含壕沟的路谱并导入已有的动力学仿真模型中,壕沟宽度为 1.5m,根据拟定的轴距变化策略设置中间轴移动副的驱动函数,使得中间轴在越壕过程中可以实时调整位置。各车轮转速相同,仿真时间 25s,测得仿真数据如图 4.20 所示。图 4.20(a)所示的是无人平台质心垂向位置的变化曲线,图 4.20(b)所示的是各轴车轮轮荷变化曲线。由图 4.20(b)可知,无人平台行驶至 7~9s 时前轴车轮轮荷为 0N,说明前轴车轮处于悬空的状态,此时由于前轴轴荷转移到中间轴使得中间轴悬架大幅压缩,重心随之下降,

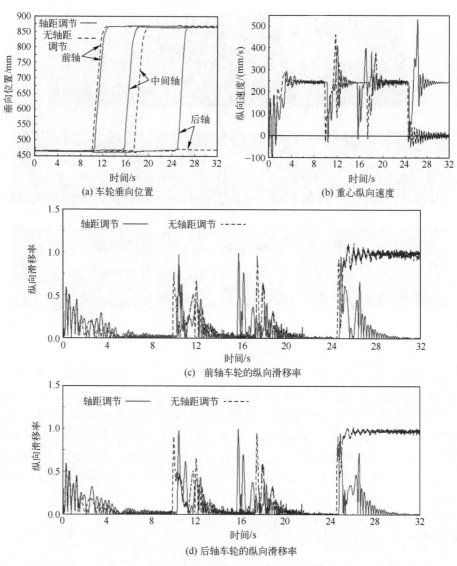

(a) 车轮垂向位置

(b) 重心纵向速度

(c) 前轴车轮的纵向滑移率

(d) 后轴车轮的纵向滑移率

图4.19 越障仿真测试数据

对应了图4.20(a)中7~9s时的重心下降。9~10s时前轴车轮爬上壕沟另一端,车轮负载逐渐增加,重心也逐渐上升。11~16s时间段内中间轴车轮轮荷为0N,负荷均匀转移到前轴与后轴,对应图4.20(a)中11~16s时重心小幅下降。17~19s后轴车轮负载为0N,负载转移到中间轴,导致重心下降明显,对应图4.20(a)中17~19s时间段内的重心下降。19s之后后轴车轮通过壕沟并逐渐承受负载,无人平台重心也逐渐恢复至正常位置且不再发生大幅变化。至此各轴车轮依次通过壕沟,无人平台成功通过 1.5m 壕沟后继续平稳前进,验证了轴距变化策略的可行性。

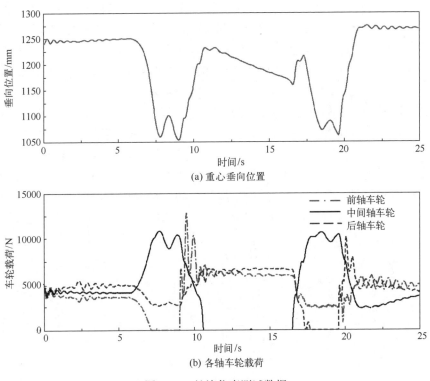

(a) 重心垂向位置

(b) 各轴车轮载荷

图 4.20　越壕仿真测试数据

▶ 4.3.3　变构型越障仿真

理论分析所得的变构型越障策略是基于静力学理论得到的,并未考虑无人平台行驶过程中惯性造成的影响。此外,理论分析中对于中间轴的位置变化尚不够明确,只能给出一个较小的取值范围。本节将通过动力学仿真试验确定中间轴变化过程中的具体位置,并验证变化策略的合理性。在 Adams 中导入三维模型后,设置相应的约束并调用轮胎模型和路谱,设置的障碍高度为 1m。为确定变构型越障过程中两次中间轴位置调节的最佳位置,分别进行多组仿真测试,第一次调节中间轴位置时,l_1(前轴与中间轴的轴距)分别取 1.6m、1.75m、1.92m(理论计算中的轴距取值)。第二次中间轴位置调节时,l_1 分别取 1.7m、1.9m、2.1m。第一次调节中间轴位置的三组仿真试验测得前轴车轮中心的垂向位置如图 4.21(a)所示。由图可知,当中间轴后移 0.32m 时($l_1 = 1.92$m)前轴车轮先被提起后又下降至初始的垂向位置,这是由于无人平台在启动的过程中车身前进的惯性导致前倾,使得前轮重新回到地面,之后无法被提起。当中间轴后移 0.15m($l_1=1.75$m)或保持位置不变($l_1=1.6$m)时,前轴车轮均可被平稳提起,后移 0.15m 时前轮提起的高度与中间轴位置不变时前轮提起高度差异较小,仅为 66mm。为简化动作步骤,提高越障效率,此时保持中间轴位置不变是最优的选择。第二次调整中间轴位置的三组仿真试验测得中间轴车轮中心的垂向位置如图 4.21(b)所示。由图可知,17~19s 是中间轴提轮越障的时间段,在这段时间内,随着中间轴后移量的增大提轮高度有所减小。中间轴后移 0.1m 时($l_1=1.7$m)的中间轴车轮位置最高,为 1372mm,但在中间轴越过障碍后,车身底部与地面发生刚蹭,如图 4.22(a)所示。中间轴后移 1.9m 和 2.1m 时车身底部与地面的相对位置如图 4.22(b)和图 4.22(c)所示,车身底部均未与地面发生接触。为避免车身与障碍刚蹭,同时增强中间轴的越障能力,第二次调整中间轴时应将中间轴后移 0.3m($l_1=1.9$m)。

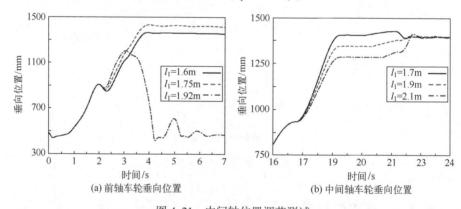

(a) 前轴车轮垂向位置   (b) 中间轴车轮垂向位置

图 4.21 中间轴位置调节测试

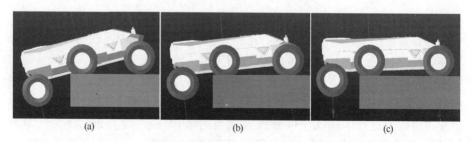

(a)   (b)   (c)

图 4.22 中间轴越障后车身底部与障碍的位置

根据拟定的构型变化策略编写行驶系统驱动函数并运行仿真,仿真过程如图 4.23 所示,前轮越障前中间轴悬架伸张至最大行程,后轴悬架收缩至最小行程后前轴悬架收缩至最小行程,如图4.23(a)所示。前轮越过障碍后将前轴悬架和后轴悬架伸张至最大行程,以提高车身高度和避免车架地面与障碍接触,如图4.23(b)所示。收缩中间轴悬架至最小行程,同时将中间轴后移,如图4.23(c)所示,中间轴越过障碍后的状态如图4.23(d)所示。中间轴越过障碍后,前轴悬架和后轴悬架均收缩至最小行程以最大限度提高后轮,如图4.23(e)所示。随着车辆的前进,后轴车轮越过障碍,无人平台完成越障任务,如图4.23(d)所示。

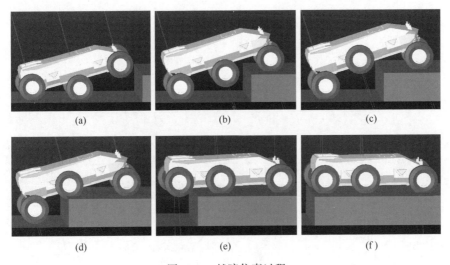

图 4.23　越障仿真过程

仿真试验中测得的数据如图4.24所示,图4.24(a)所示的是无人平台重心垂向位置的变化,图4.24(b)所示的是越障过程中各轴车轮的车轮载荷变化,同轴两侧车轮受力情况相同,各轴只需测出一个车轮的载荷变化。初始阶段车身后仰造成重心下降,前轴载荷完全转移至中间轴,后轮由于后轴悬架的收缩也有部分载荷转移至中间轴,此时中间轴承受无人平台的大部分载荷。7.2~13s时间段内重心随着前轮越障逐渐上升,前轮载荷也由零开始逐渐增加,后轮由于车身后仰载荷相应地增大。13~15s和15~17s的时间段内,后轴悬架与前轴悬架先后伸张使得重心快速提高,中间轴车轮载荷完全转移至前轴和后轴,因此后轴车轮和前轴车轮载荷进一步增大。17~20s内中间轴提轮并后移,车身姿态不变,各轴车轮载荷基本保持不变。随着无人平台的前进,中间轴车轮于20.8s时刻开始越障并开始承受负载,20.8~22.2s无人平台重心由于中间轴的越障有小幅的提高,但紧接着前轴悬架的收缩使得车身前倾,重心小幅下降。中间轴越障的过程中后轴车轮逐渐悬空,载荷转移至中间轴。接着前轴悬架的收缩使得载荷部分转移至中间轴车轮,此时中间轴车轮承受车辆的大部分载荷。22.2~24s 无人平台前进过程中重心位置不变,各轴载荷由于车身的俯仰运动有小幅的波动。24s 时后轴车轮开始越障,中间轴载荷逐渐转移至前轴车轮和后轴车轮,25.6s 时后轴车轮完成越障,重心上升至稳定位置,各轴车轮均承受一定载荷且不再发生变化。

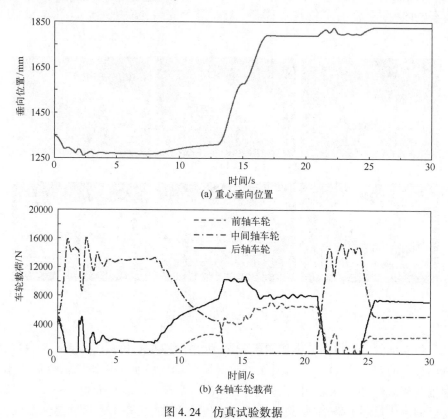

(a) 重心垂向位置

(b) 各轴车轮载荷

图 4.24　仿真试验数据

4.4　小　　结

　　无人平台的越障过程本质上是各车轮的越障过程,对车轮越障过程的分析可得出结论:车轮载荷、附着系数、悬架刚度和车轮高度均对车轮越障能力有着明显的影响。车轮载荷较小时越障高度随着载荷的增大而增大,当车轮载荷超过某一值后,越障高度随着车轮载荷的增大逐渐下降。路面附着系数越大,无人平台越障性能越强。

　　结合无人平台越障过程中的整体受力分析,得出结构参数对越障能力的影响:

　　(1)各悬架行程不变化时,前轴与中间轴轴距减小有助于前轴车轮和中间轴车轮的越障,前轴与中间轴轴距增大则有助于后轴车轮越台阶障碍。

　　(2)越障车轮被提起得越高则越障性能越强。通过构型变化可提高车轮的提起高度,实现越障车轮提起高度的最大化是构型变化策略的目标。

　　越障仿真对构型变化策略进行验证和优化,根据仿真和试验可得出结论:以提高越障车轮高度为目标,兼顾越障效率和行驶稳定性并避免车身底部与障碍接触,仿真试验确定了两次中间轴调节量的最优值分别为 0 和 $-0.3\mathrm{m}$。无人平台能够顺利越过障碍,证明了构型变化策略的有效性。

第 5 章　基于可变构型行驶系统的牵引性能研究与增强

　　轮式无人平台在野外松软路面行驶时,受土壤承载能力和剪切强度的限制,最大牵引力往往不取决于轮毂电机的驱动力矩,而取决于轮胎与土壤之间的相互作用。以往的研究中多集中于单轮牵引性能的研究,极少涉及整车牵引性能研究,而实际行驶过程中,车辆各车轮工况各不相同,不能简单地将某个车轮的牵引力乘以车轮数的计算结果作为整车牵引力,因此单个车轮的牵引性能不足以准确推断整车牵引性能。为解决单轮牵引性能研究的缺陷,本章将对轮式无人平台的整体牵引性能进行深入研究,结合地面力学和车辆动力学,提出整体牵引性能的数值计算方法,利用离散元软件和动力学软件的耦合仿真模拟无人平台在多种路况下行驶,通过仿真试验分析无人平台的牵引特性,依据分析结论提出增强牵引性能的最优构型。

5.1　基于 5 自由度动力学模型的轮荷分析

　　车辆牵引力是各车轮牵引力的总和,车轮在某种地形上行驶时车轮所受的垂直载荷受车辆运动状态影响处于实时变化的状态,而车轮垂直载荷是影响车轮牵引力的重要因素,车体运动与轮壤作用通过车轮垂直载荷产生了联系,因此车轮载荷是连接车辆动力学与地面力学的关键因素。为使得轮壤接触模型和牵引力计算模型得到准确的载荷输入,需建立准确的动力学模型,通过计算该模型得到各轮的载荷,并以此为输入求解各轮牵引力。车辆在实际行驶过程中车身姿态处于实时变化的状态,各轮之间的载荷将随着车辆行驶状态发生变化,为分析车辆的动态轮荷,建立如图 5.1 所示的 5 自由度动力学模型(车身有垂直、纵向、横向、俯仰、侧倾 5 自由度),其中 W_i 表示各轮轮荷,其余参数同表 2.6 所列。

　　第 4 章中已计算过无人平台静止在平直路面上的各轴轴荷,这里不再赘述。当无人平台在纵向方向上加速或减速时各轴之间的轴荷将发生变化,无人平台有侧向加速度时,同轴之间的车轮将产生载荷转移,设无人平台纵向加速

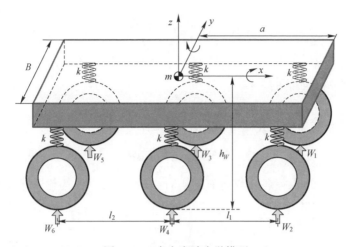

图 5.1　5 自由度动力学模型

度为 a_x，由于纵向加速度导致的各轴轴荷变化为 $\Delta N_i(i=1,2,3)$，根据力与力矩平衡以及悬架变形几何关系：

$$\Delta N_1 + \Delta N_2 + \Delta N_3 = 0 \tag{5.1}$$

$$\Delta N_3 l + \Delta N_2 l_1 = m a_x h \tag{5.2}$$

$$\Delta N_i = k \Delta \delta_i \tag{5.3}$$

$$\frac{(\delta_1 + \Delta \delta_1) - (\delta_3 + \Delta \delta_3)}{(\delta_2 + \Delta \delta_2) - (\delta_3 + \Delta \delta_3)} = \frac{l}{l - l_1} \tag{5.4}$$

解得各轴轴荷变化：

$$\Delta N_1 = -\frac{m a_x h_W}{l_1} \frac{l_1^2 + l_1 l}{2 l_1^2 + 2 l^2 - 2 l_1 l}$$

$$\Delta N_2 = \frac{m a_x h_W}{l_1} \frac{2 l_1^2 - l_1 l}{2 l_1^2 + 2 l^2 - 2 l_1 l} \tag{5.5}$$

$$\Delta N_3 = \frac{m a_x h_W (2l - l_1)}{2 l_1^2 + 2 l^2 - 2 l_1 l}$$

不考虑侧向加速度的情况下轮荷变化为轴荷变化的一半：

$$\Delta F_{X1,2} = \Delta N_1 / 2, \quad \Delta F_{X3,4} = \Delta N_2 / 2, \quad \Delta F_{X5,6} = \Delta N_3 / 2 \tag{5.6}$$

当无人平台侧向加速度为 a_y 时，同轴的两侧车轮载荷随之变化，侧向载荷转移为

$$\Delta F_{Y1} = K_{\phi f} \frac{m a_y h}{B}, \quad \Delta F_{Y2} = -K_{\phi f} \frac{m a_y h}{B}, \quad \Delta F_{Y3} = K_{\phi m} \frac{m a_y h}{B}$$

$$\Delta F_{Y4} = -K_{\phi m}\frac{ma_y h}{B}, \ \Delta F_{Y5} = K_{\phi r}\frac{ma_y h}{B}, \ \Delta F_{Y6} = -K_{\phi r}\frac{ma_y h}{B} \qquad (5.7)$$

式中：$K_{\phi f}$、$K_{\phi m}$、$K_{\phi r}$分别为各轴侧倾刚度相对无人平台侧倾刚度的比例，车轮静态的轮荷为静态轴荷的一半。

$$F_{zS1,2} = N_1/2, \ F_{zS3,4} = N_2/2, \ F_{zS5,6} = N_3/2 \qquad (5.8)$$

各车轮载荷为静态载荷与动态载荷之和：

$$W_i = F_{zSi} + \Delta F_{Xi} + \Delta F_{Yi} \qquad (5.9)$$

通过式(5.9)求得各轮与地面的实时接触压力，以此为输入求得各轮的牵引性能。

5.2 基于轮壤作用模型的牵引性能分析

基于地面力学相关理论可推导车轮牵引力性能分析模型，以车轮载荷为计算输入，代入相应的土壤参数和车轮结构参数，通过数值计算可得到车轮牵引性能。结合各车轮载荷之间的耦合关系，同时计算各车轮牵引性能后进行线性叠加可得到整体牵引性能。

▶ 5.2.1 车轮牵引性能分析

无人平台在松软路面上行驶时，通常将车轮视为刚性轮，轮胎对土壤的压实和推移产生了压实阻力和推土阻力，驱动力则由土壤推力提供。图5.2所示为贝克提出的轮壤接触模型，图中σ为土壤对车轮的径向反作用力，z为车轮沉陷量，W为车轮垂直载荷。贝克提出车轮静态沉陷时的正应力-应变公式为[80]

$$\sigma = \left(\frac{k_c}{b} + k_\varphi\right)z^n \qquad (5.10)$$

式中：k_c为土壤变形黏聚力模数；k_φ为土壤摩擦变形模数；n为土壤变形指数。此公式只考虑了车轮静态沉陷时的应力与沉陷量的关系，实际上在车轮滑移的过程会产生动态沉陷，高海波等提出了考虑车轮滑转时的沉陷指数修正模型[119]：

$$n = n_0 + n_1 s_r + n_2 s_r \qquad (5.11)$$

式中：s_r为车轮滑转率；n_0为静态沉陷指数。Wong对贝克提出的理论模型进行了进一步修正[84]，引入最大应力角θ_m、接近角θ_1和离去角θ_2的概念。

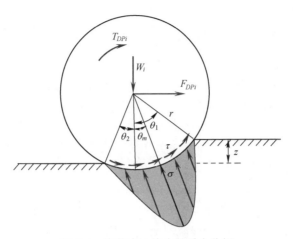

图 5.2　车轮在土壤中的受力分析

其中各角度之间的关系可表示为

$$\theta_m = (c_0 + c_1 |s_r|)\theta_1 \tag{5.12}$$

$$\theta_2 = c_2 s_r \theta_1 \tag{5.13}$$

式中: s_r 为车轮滑转率; c_0 的取值范围为 $0.4 \sim 0.5$; c_1 的取值范围为 $[0.2, 0.4]$; c_2 取值较小, 通常取 0。根据几何关系可计算沉陷量:

$$z_0 = r(\cos\theta - \cos\theta_1) \tag{5.14}$$

Wong 认为接近角至最大应力角范围内的正应力满足贝克经典理论:

$$\sigma_f(\theta) = \left(\frac{k_c}{b} + k_\varphi\right) r^n (\cos\theta - \cos\theta_1)^n \tag{5.15}$$

而离去角至最大应力角范围内的正应力为

$$\sigma_r(\theta) = \left(\frac{k_c}{b} + k_\varphi\right) r^n \left\{\cos\left[\theta_1 - \left(\frac{\theta - \theta_2}{\theta_m - \theta_2}\right)(\theta_1 - \theta_m)\right] - \cos\theta_1\right\}^n \tag{5.16}$$

正应力在垂直方向上的分力为

$$\sigma_Y = \int_{\theta_m}^{\theta_1} b\sigma_f(\theta) r\cos\theta d\theta + \int_{\theta_2}^{\theta_m} b\sigma_r(\theta) r\cos\theta d\theta \tag{5.17}$$

正应力在水平方向上的分力表现为土壤压实阻力:

$$F_{rc} = \sigma_X = \int_{\theta_m}^{\theta_1} b\sigma_f(\theta) r\sin\theta d\theta + \int_{\theta_2}^{\theta_m} b\sigma_r(\theta) r\sin\theta d\theta \tag{5.18}$$

无人平台在松软路面上行驶时, 车轮前缘推动土壤形成隆起的前缘波, 产生推土阻力 F_{rb}, 其表达式为

$$F_{rb} = b(0.67cz_0 K'_{pc} + 0.5z_0^2 \gamma_s K'_{pr}) \tag{5.19}$$

式中：$K'_{pc} = (N'_c - \tan\varphi)\cos^2\varphi$；$K'_{pr} = \left(\dfrac{2N'_r}{\tan\varphi} + 1\right)\cos^2\varphi$；$\gamma_s$ 为土壤容重；b 为轮宽；N'_c 和 N'_r 为局部剪切失效时土壤承载能力系数。

对于纯黏性土壤，最大剪切力仅与土壤的黏聚性以及车轮与地面的接触面积有关，最大土壤推力可表示为

$$F_q = Ac \tag{5.20}$$

式中：A 为驱动轮轮胎的接触面积；c 为土壤黏聚系数。

对于摩擦性土壤，最大土壤推力表示为

$$F_q = W\tan\varphi \tag{5.21}$$

式中：φ 为摩擦角；W 为车轮垂直载荷。

对于大多数土壤而言，土壤既不是纯颗粒状也不是纯黏性的，而是颗粒与黏性两种性质的混合物，因此对于一般性土壤而言，其最大推力可表示为

$$F_q = Ac + W\tan\varphi \tag{5.22}$$

将式（5.22）两边除以接触面积 A 可得土壤剪切强度 $\tau_{\max}$ 与土壤对车轮的径向反作用力 σ 的关系式：

$$\tau_{\max} = c + \sigma\tan\varphi \tag{5.23}$$

驱动轮在土壤中的旋转运动使得土壤发生剪切变形，土壤的剪切变形产生沿轮缘接触面上的切应力，切应力的水平分力即土壤推力，因此土壤推力与土壤剪切变形量有关。为分析土壤剪切变形量，对与土壤接触的轮缘部分的运动进行分析，如图 5.3 所示，车轮前进速度为 u，车轮转速为 ω，由图中几何关系和滑转率计算式可知，轮缘上一点的滑动速度 u_s 是该点中心角和滑转率 s_r 的函数：

$$u_s = \omega r\left[1 - (1 - s_r)\cos\theta\right] \tag{5.24}$$

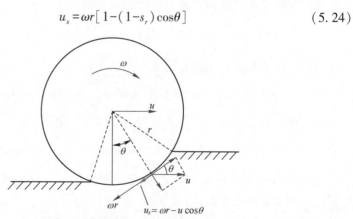

图 5.3　车轮轮缘上土壤剪切变形

土壤与轮缘接触面处的剪切变形为

$$j = \int_0^t u_s dt = \int_0^{\theta_0} r[1 - (1 - s_r)\cos\theta]d\theta \tag{5.25}$$
$$= r[(\theta_0 - \theta) - (1 - s_r)(\sin\theta_0 - \sin\theta)]$$

根据贝克提出的理论,切应力分布为

$$\tau(\theta) = [c + \sigma(\theta)\tan\varphi][1 - \exp(-j/K)] \tag{5.26}$$

将式(5.25)代入式(5.26)可得

$$\tau(\theta) = [c + \sigma(\theta)\tan\varphi]\left\{1 - \exp\left[-\frac{r}{K}((\theta_1 - \theta) - (1 - s_r)(\sin\theta_1 - \sin\theta))\right]\right\} \tag{5.27}$$

切应力垂直分力为车轮提供垂直方向上的支撑:

$$F_{\tau Y} = \int_{\theta_m}^{\theta_1} br\tau(\theta)\sin\theta d\theta + \int_{\theta_2}^{\theta_m} br\tau(\theta)\sin\theta d\theta \tag{5.28}$$

土壤推力为切应力水平分力的积分:

$$F_{\tau X} = \int_{\theta_m}^{\theta_1} br\tau(\theta)\cos\theta d\theta + \int_{\theta_2}^{\theta_m} br\tau(\theta)\cos\theta d\theta \tag{5.29}$$

土壤对车轮垂直方向上的支撑力与车轮载荷相平衡:

$$W_i = \int_{\theta_m}^{\theta_1} br\tau(\theta)\sin\theta d\theta + \int_{\theta_2}^{\theta_m} br\tau(\theta)\sin\theta d\theta$$
$$+ \int_{\theta_m}^{\theta_1} b\sigma_f(\theta)r\cos\theta d\theta + \int_{\theta_2}^{\theta_m} b\sigma_r(\theta)r\cos\theta d\theta \tag{5.30}$$

土壤对车轮的牵引力为土壤推力、土壤压实阻力以及推土阻力的合力:

$$F_{DPi} = \int_{\theta_m}^{\theta_1} br\tau(\theta)\cos\theta d\theta + \int_{\theta_2}^{\theta_m} br\tau(\theta)\cos\theta d\theta - F_{rc} - F_{rb} \tag{5.31}$$

车轮驱动力矩为

$$T_{DPi} = \int_{\theta_m}^{\theta_1} br^2\tau(\theta)d\theta + \int_{\theta_2}^{\theta_m} br^2\tau(\theta)d\theta - F_{rb}\left(r - \frac{1}{2}z_0\right) \tag{5.32}$$

这里选取文献[120]中的 6 组土壤参数,如表 5.1 所示,3 种沙壤土含水率分别为 11%、15%、23%,3 种轻黏土含水率分别为 22%、26%、30%,分析无人平台在该 6 种不同土壤上的牵引性能,推土阻力计算参数取值来自文献[107],其余参数取值如表 5.2 所示。

表 5.1　土壤特性参数

土壤种类	含水率/%	n	k_c/(kN·m$^{-(n+1)}$)	k_φ/(kN·m$^{-(n+2)}$)	c/kPa	φ/(°)	N'_c	N'_r
沙壤土 1	11	0.9	52.53	1127.97	4.83	20	12	2
沙壤土 2	15	0.7	5.27	1515.04	1.72	29	17.6	5
沙壤土 3	23	0.4	11.42	808.96	9.65	35	25.2	10
轻黏土 1	22	0.2	16.75	1758.8	10	20	12	2
轻黏土 2	26	0.17	6.67	852.9	5	15	9.5	1.2
轻黏土 3	30	0.16	2.57	253	2.5	11	8.1	0.74

表 5.2　牵引性能计算参数

参　　数	取　　值	参　　数	取　　值
c_1	0.5	土壤密度 kg·m^{-3}	1638
c_2	0	滑转率	0.2
c_3	−0.02	剪切模量 K/m	0.017
轮胎半径 r/m	0.47	车轮前进速度 μ/m·s^{-1}	0.5
轮胎宽度 b/m	0.275		

5.2.2　整车牵引性能分析

　　牵引力的计算式表明车轮载荷与车轮牵引力并不满足线性关系,以往相关研究文献的分析结果也证明了这点。无人平台行驶过程中各车轮所受的负载不尽相同且随着无人平台行驶状态的改变发生变化,因此整车牵引力的准确计算既不能简单地将单个车轮牵引力乘以车轮数,也不能根据某个静态载荷计算车轮牵引力后再叠加,而应是根据无人平台行驶状态对每个车轮牵引力实时计算后再进行叠加。这里根据 5.1 节提出的动态轮荷计算方法首先对各车轮载荷进行计算,然后以轮荷为计算输入求得各车轮的牵引力和驱动力矩,最后对 6 个车轮的牵引力和驱动力矩进行线性叠加得到整车的牵引力和驱动力矩。

　　车轮牵引效率的定义为输出功率与输入功率之比:

$$TE_i = \frac{F_{DPi}u}{T_i\omega_i} \tag{5.33}$$

根据车轮牵引力表达式可推导出整车牵引效率表达式为

$$TE = \frac{F_{DP}u}{\sum\limits_{i=1}^{6} T_i\omega_i} \tag{5.34}$$

式中:F_{DP} 为整车牵引力;u 为无人平台行驶速度;ω_i 为车轮转速;T_i 为车轮驱动转矩。为简化计算,假设各车轮转速均为 ω,则

$$u = (1-s_r)\omega r \tag{5.35}$$

整车牵引效率可写作

$$TE = \frac{F_{DPi}r(1-s_r)}{T} \tag{5.36}$$

式中:T 为各轮驱动力矩之和。

为得到整车牵引性能,需获取各车轮的牵引性能参数。首先通过无人平台参数和式(5.9)求得车轮载荷,并将正应力和切应力表达式代入式(5.30),结合表 5.1 中的土壤参数进行数值计算得到土壤接近角和车轮载荷的关系式,然后以车轮载荷为输入求解得到土壤接近角,进而计算得到轮壤离去角、最大应力角等参数。最后将轮壤离去角、最大应力角等参数代入式(5.31)可得到各车轮牵引力,车轮驱动力矩采用同样的方法通过式(5.32)获得。

根据计算式编写 MATLAB 程序,通过运行程序得到车轮牵引力、驱动力矩和牵引效率。图 5.4(a)所示的是无人平台在 3 种不同沙壤土上牵引力随滑转率的变化,对于沙壤土 1 和沙壤土 3,低滑转率下牵引力随着滑转率的增大而增大,在滑转率增大到一定程度时牵引力随着滑转率的增大而减小。对于沙壤土 2,牵引力随着滑转率增大而增大,当滑转率增大至 0.9 时牵引力不再增加。牵引力的这种变化是车轮滑转沉陷造成的,滑转率较低时,滑转率对沉陷量的影响较小,土壤推力随滑转率增大的幅度大于行驶阻力的幅度,随着滑转率的增大,滑转造成了更大的沉陷,沉陷量增幅加剧,行驶阻力的增大幅度接近甚至超过土壤推力的增大幅度,此时牵引力会逐渐减小。不同沙壤上驱动力矩的变化趋势与牵引力变化趋势相同,所不同的是驱动力矩峰值对应的滑转率与牵引力峰值对应的滑转率不同,如图 5.4(b)所示,沙壤土 1 和沙壤土 3 上驱动力矩峰值对应的滑转率分别为 0.7 和 0.8。图 5.4(c)所示的是牵引效率随滑转率的变化关系,无人平台在不同含水率的沙壤土上牵引效率峰值对应的滑转率差别较小。3 种沙壤土上牵引效率峰值对应的滑转率分别为 0.1、0.14、0.15,峰值过后,牵引效率随着滑转率的增大逐渐减小。

图 5.4(d)所示的是无人平台在 3 种黏土上牵引力随滑转率的变化,3 条曲线变化趋势相同,初始阶段牵引力均随着滑转率增大而增大,当增大至峰值后牵引力随着滑转率的增大而减小,3 种土壤峰值牵引力对应的滑转率分别为

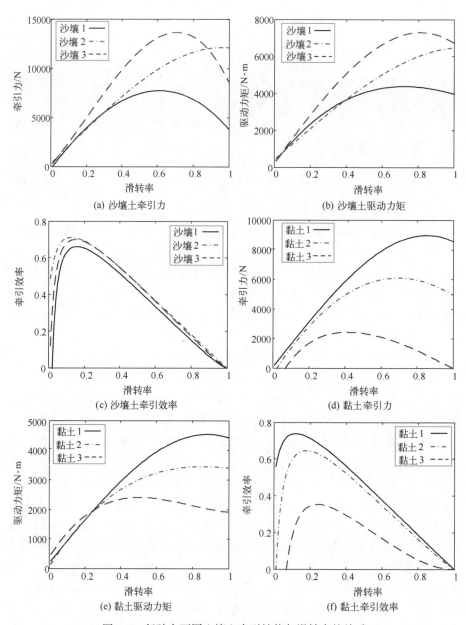

(a) 沙壤土牵引力

(b) 沙壤土驱动力矩

(c) 沙壤土牵引效率

(d) 黏土牵引力

(e) 黏土驱动力矩

(f) 黏土牵引效率

图5.4 行驶在不同土壤上牵引性能与滑转率的关系

0.82、0.64、0.38。值得注意的是,无论何种滑转率下都是黏土1的牵引力最大,黏土3的牵引力最小。对比分析土壤参数可知,这是由于黏土含水率引起的,黏土1的含水率最低,摩擦角最大,而黏土3的含水率最大,摩擦角最小。

因此,含水率是影响黏土性能的重要因素。图 5.4(e) 所示的是驱动力矩随滑转率的变化,由图可知,滑转率小于 0.3 时 3 种黏土的驱动力矩几乎相同。滑转率超过 0.3 时驱动力矩的差距逐渐增大,黏土 1 的驱动力矩增大幅度最大,黏土 2 的驱动力矩增幅较小,且当滑转率达到 0.7 之后不再增加。由图 5.4(f) 可知,无人平台在不同含水率黏土上行驶时牵引效率峰值对应的滑转率差别较大,在黏土 1 上行驶时牵引效率最大,在黏土 3 上行驶时牵引效率最小。3 种黏土上牵引效率峰值对应的滑转率分别为 0.1、0.18、0.22,峰值之后,牵引效率随滑转率的增大逐渐减小。

5.3　基于 EDEM-Recurdyn 耦合方法的仿真建模

数值计算方法的优势在于计算速度快,参数关系明确,缺点是分析模型多为经验公式,计算参数多且取值存在误差,导致计算结果准确度不高,最重要的是坡度路面的土壤沉陷特性关系不同于无坡度路面,因此基于传统地面力学理论的数值计算方法对无人平台非平直路面上的牵引性能预测效果差。为进一步得到无人平台多种行驶工况下的牵引性能,在动力学分析软件 Recurdyn 中和离散元软件 EDEM 中分别建立无人平台动力学仿真模型和土壤的仿真模型,通过两个软件的耦合计算模拟无人平台在松软路面的行驶。

▶ 5.3.1　土壤的离散元建模

通过离散元方法建立了沙壤土和黏土两种类型的土壤,两种土壤均由球形颗粒组成,颗粒之间存在接触关系。根据土壤特性的不同设置不同的接触算法,其中沙壤土颗粒之间的计算模型使用 Hertz-Mindlin (no slip) 接触模型,该接触模型是 EDEM 中使用的默认模型,在这个模型中颗粒之间没有黏结作用,颗粒之间存在法向力 F_n 和摩擦力 F_s。法向力基于 Herzian 接触理论[121],切向力模型基于 Middlin-Deresiewicz 的研究工作[122],法向力和切向力都具有阻尼分量,切向力遵守库仑摩擦定律。滚动摩擦力通过接触独立定向恒转矩模型实现。

法向力 F_n 是法向重叠量 δ_n 的函数:

$$F_n = \frac{4}{3} E^* \sqrt{R^*} \delta_n \tag{5.37}$$

其中,当量杨氏模量 E^*,当量半径 R^* 定义为

$$\frac{1}{E^*} = \frac{(1-v_i^2)}{E_i} + \frac{(1-v_j^2)}{E_j}, \quad \frac{1}{R^*} = \frac{1}{R_i} + \frac{1}{R_j} \tag{5.38}$$

E_i、v_i、R_i和E_j、v_j、R_j分别是杨氏模量、泊松比和接触球体的半径。

阻尼力F_n^d的表达式为

$$F_n^d = -2\sqrt{\frac{5}{6}}\beta\sqrt{S_n m^*}\,\overline{v_n^r} \tag{5.39}$$

式中：$m^* = \dfrac{1}{m_i} + \dfrac{1}{m_j}$为当量质量；$\overline{v_n^r}$为相对速度的法向分量。$\beta$和法向刚度$S_n$的表达式为

$$\beta = \frac{Ine}{\sqrt{In^2 e + \pi^2}},\ S_n = 2E^*\sqrt{R^*\delta_n} \tag{5.40}$$

e为恢复系数，切向力F_t取决于切向重叠量、切向刚度δ_t和切向刚度S_t：

$$F_t = -S_t\delta_t \tag{5.41}$$

其中，$S_t = 8G^*\sqrt{R^*\delta_n}$。

G^*是当量剪切模量，此外，切向阻尼表达式为

$$F_t^d = -2\sqrt{\frac{5}{6}}\beta\sqrt{S_t m^*}\,\overline{v_t^r} \tag{5.42}$$

式中：$\overline{v_t^r}$是相对速度的切向分量，切向力受库仑摩擦$\mu_s F_n$限制，μ_s为静摩擦系数。滚动摩擦通过在接触表面施加一个力矩实现：

$$\tau_i = -\mu_r F_n R_i \omega_i \tag{5.43}$$

式中：μ_r为滚动摩擦系数；R_i为接触点到质心的距离；ω_i为物体在接触点处单位角度矢量。上述颗粒参数中，待确定的有恢复系数、静摩擦系数、滚动摩擦系数、颗粒直径、泊松比、剪切模量和颗粒质量等，各参数取值如表5.3所示[123]。仿真中定义的轮胎属性参数及其与土壤颗粒的接触参数如表5.4所示。

表 5.3　沙壤颗粒参数

接 触 参 数	取　值	属 性 参 数	取　值
颗粒直径	30mm	剪切模量	1.15×10^7Pa
恢复系数	0.15	颗粒密度	2670kg/m³
静摩擦系数	0.8	土壤密度	1638kg/m³
动摩擦系数	0.2	泊松比	0.3

表 5.4　轮胎属性及接触参数

密　　度	剪切模量	泊 松 比	恢复系数	静摩擦系数	动摩擦系数
1200kg/m³	3.13×10^6Pa	0.25	0.5	0.4	0.3

黏土颗粒直接的接触采用 Hysteretic Spring 接触模型,该模型将塑性变形考虑到接触力学方程中,颗粒在外力的作用下可被压缩,外力超过一定值时颗粒之间会发生黏结且随着外力的消失不再恢复。Hysteretic Spring 法向力的计算基于 Walton–Braun 理论[124],采用下式计算。

$$F_N = \begin{cases} K_1\delta_n & K_1\delta_n < K_2(\delta_n - \delta_0) & \text{加载阶段} \\ K_2(\delta_n - \delta_0) & \delta_n > \delta_0 & \text{卸载或重新加载} \\ 0 & \delta_n \leqslant \delta_0 & \text{卸载阶段} \end{cases}$$

上式可用图 5.5 进一步解释,卸载力在位移恢复到初始接触点之前变为 0,δ_0 代表在接触区由于塑性变形产生的残余重叠量。每个旧的接触点的准确位置不被记住,从而颗粒一旦分离就不能恢复原样。

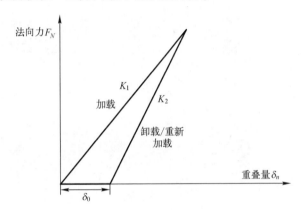

图 5.5 Hysteretic Spring 模型法向接触力-重叠量关系原理图

K_1 和 K_2 分别是加载和卸载刚度,δ_n 是法向重叠量,δ_0 是残余重叠量。加载刚度与参与接触的材料的屈服强度有关,假设两种参与接触的材料的屈服强度为 Y_1 和 Y_2,那么

$$K_1 = 5R * \min(Y_1, Y_2) \tag{5.44}$$

根据恢复系数可求得 K_2:

$$K_2 = K_1/e^2 \tag{5.45}$$

切向分力计算式为

$$F_t = -\min(Y_t K_1 \delta_t + F_t^d, \mu F_N) \tag{5.46}$$

其中,Y_t 为接触刚度,F_t^d 为切向阻尼力:

$$F_t^d = -\sqrt{\frac{4m * Y_t k}{1 + \left(\frac{\pi}{Ine}\right)^2}} v_t^r \tag{5.47}$$

颗粒之间的接触刚度、接触阻尼以及变形强度如表 5.5 所示,参数取值来自文献[90],其余参数与沙壤土相同。建立的两种土壤类型如图 5.6 所示,图 5.6(a)所示的是沙壤土路,图 5.6(b)所示的是黏土路,两种路面尺寸相同,均为 14.4m×3m×0.2m,其中沙壤土路面由 234450 个颗粒组成,黏土由 155640 个颗粒组成。

表 5.5　黏土颗粒参数

颗 粒 直 径	接 触 刚 度	接 触 阻 尼	变 形 强 度
40mm	$3.35×10^6$ N/m	0.7 N/m · s^{-1}	$2×10^5$ Pa

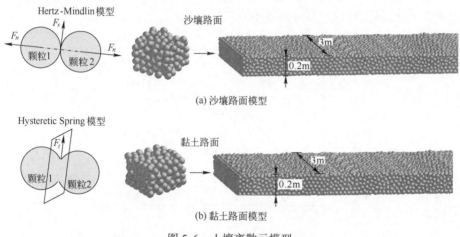

(a) 沙壤路面模型

(b) 黏土路面模型

图 5.6　土壤离散元模型

5.3.2　EDEM-Recurdyn 的耦合仿真模型

将无人平台三维模型转换为 x_t 格式导入动力学分析软件 Recurdyn 后,根据无人平台的结构设置悬架弹簧、各部件的运动约束以及车轮驱动,其中车轮质量为 40kg,车身质量为 2060kg,其余部件质量为 200kg。为实现 Recurdyn 与离散元软件的耦合,将无人平台与土壤接触的 6 个轮胎生成中间文件,并导入离散元软件 EDEM 中。打开耦合接口运行仿真,两个软件进行实时的数据交换和计算以模拟无人平台在松散路面上行驶,无人平台各行驶工况下的仿真模型如图 5.7 所示。

图 5.7(a)所示的仿真模型是模拟无人平台的平直路面行驶工况,无人平台前进速度为 0.5m/s,各轮转速相同,转速大小根据滑转率进行设置。图中左侧模型为动力学模型,右侧为离散元模型,两种模型以轮胎为介质产生联系,动

力学模型将轮胎受到来自悬架的力传递给离散元模型,离散元模型又将轮胎的路面受力传递给动力学模型,通过两个模型的实时数据交换完成耦合仿真。为模拟无人平台多种坡度路面的行驶工况,需对仿真模型进行相应的调整,将重力方向顺时针旋转 20°得到无人平台通过 20°纵倾坡的仿真模型,如图 5.7(b)所示;将重力方向绕前进方向旋转 15°得到无人平台通过 15°侧倾坡的仿真模型,如图 5.7(c)所示。此外,针对每种路面类型设定了沙壤和黏土两种土壤类型,不同土壤类型和路面类型共有 6 种组合,即 6 种不同的路面,针对这 6 种路面展开仿真研究。

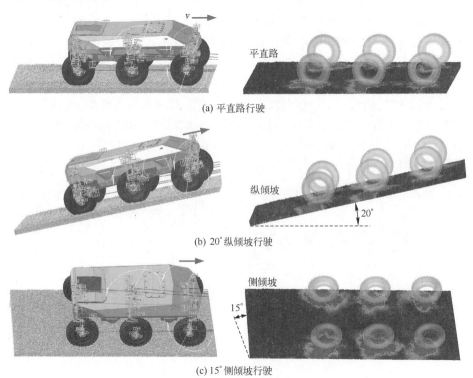

(a) 平直路行驶

(b) 20°纵倾坡行驶

(c) 15°侧倾坡行驶

图 5.7　不同行驶工况的耦合模型(见彩插)

5.4　基于 EDEM-Recurdyn 耦合模型的牵引性能分析

为获取无人平台准确且全面的牵引性能数据,针对 3 种路面和两种土壤类型分别进行了多次仿真试验。针对每种路面和土壤类型的组合,以滑转率为控制变量,分别在不同的滑转率下运行多次仿真试验,测得不同滑转率下各车轮的牵引力之和以及驱动力矩之和。

5.4.1 沙壤路面牵引性能分析

图5.8(a)所示的是滑转率为0.2时无人平台行驶在平直沙壤路上牵引力随时间的变化关系,实曲线为数据拟合结果。仿真初始阶段轮胎与土壤逐渐接触,牵引力变化较大,轮胎与地面稳定接触后牵引力在4000N小范围内波动,在3s之后牵引力逐渐下降。无人平台在行驶3s之后中间轴和后轴车轮行驶在前一车轮的车辙上,由于沙土颗粒不可被压缩,在被车轮碾压后沙壤变得更加松散,车轮沉陷量增大导致行驶阻力,牵引力减小。图5.8(b)所示的是驱动力矩的变化过程,在经过初始阶段后一直在3500N·m附近小幅波动,3s之后未出现明显减小。图5.9(a)所示的是无人平台在20°纵倾坡上的牵引力变化,其变化过程与平坦沙壤路面上相似,3s之后牵引力出现小幅下降,1~3s内的牵引力稳定在3200N左右,由于纵倾坡面上车轮与路面的接触压力减小,所能获得的牵引力相对平坦沙壤路面上的牵引力减小了800N,图5.9(b)所示的纵倾坡路面驱动力矩与平坦沙壤路面变化趋势相同,0.5s之后逐渐稳定,在3000N·m上下小范围变化。

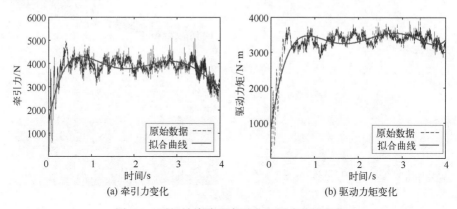

图5.8 平坦沙壤路面牵引力和驱动力矩变化

图5.10(a)所示的是无人平台在15°侧倾坡上的牵引力变化,与前两种路面有所不同,牵引力在3s后减小幅度很小。无人平台在重力侧向分力的作用下产生了侧向运动,各车轮不再沿纵向方向直线行驶,中间轴车轮和后轴车轮不经过前一车轮碾压过的土壤,但前一车轮对土壤的碾压破坏了与后一车轮接触的土壤周边(图5.11),在一定程度影响了与后一车轮接触的土壤的紧实程度,减弱了土壤承载强度,使得3s后的牵引力出现了小幅减小。由于车辙不完

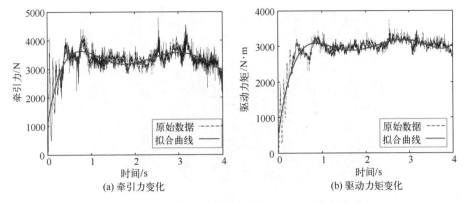

图 5.9　20°纵倾坡沙壤路面牵引力和驱动力矩变化

全重合,侧倾坡路面上车辙对牵引力的影响程度小于平直路面和纵倾坡路面车辙对牵引力的影响,因此牵引力 3s 之后减小幅度小于平直路面和纵倾坡路面的减小幅度。图 5.10(b) 所示的 15°侧倾坡上驱动力矩在 1s 后较为稳定,在 3400N·m 上下小幅变化。

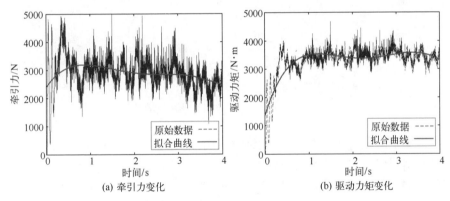

图 5.10　15°侧倾坡沙壤路面牵引力和驱动力矩变化

　　为对比不同行驶工况和不同滑转率下的牵引性能,在对比多组数据时以某一数值代表各工况下的牵引力或驱动力矩,由于初始时间段数据不稳定,末段时间段数据需考虑车辙因素,本书采用中间时间段的平均值进行数据对比。

　　无人平台在平坦、侧倾坡和纵倾坡等 3 种沙壤路上的牵引力如图 5.12(a) 所示,每种路况运行了 7 次仿真,滑转率从 0.2 逐渐增至 0.8。整体上看,平坦路面牵引力大于纵倾路面牵引力,纵倾路面上的牵引力大于侧倾路面上的牵引力,各路面上的牵引力随滑转率的变化趋势相同,牵引力均随着滑转率的增大先增大后减小,且在滑转率为 0.7 时达到峰值,与数值计算结果极为相似。每

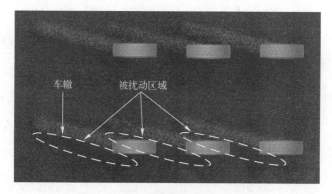

图 5.11　沙壤侧倾坡车辙(见彩插)

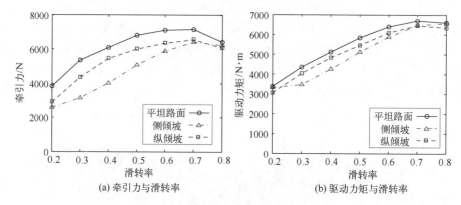

图 5.12　沙壤路面牵引性能仿真数据

种滑转率下纵倾路面牵引力与平坦路面牵引力的差值均变化不大,约为 800N。坡度路面牵引力减小的首要原因是车轮与路面的接触压力减小,对于 20°纵倾路面,接触压力变为平坦路面的 94%(cos20°),减小幅度为 6%,然而牵引力减小幅度在滑转率 0.4 时约为 10%。因此造成纵倾坡路面牵引力减小的因素不仅只有接触压力变小,另外一个重要因素是坡度路面的土壤强度减弱,土壤颗粒在重力沿坡面分力的作用下有向下运动的趋势,颗粒稳定性变弱,在车轮的干扰下更易向后运动,向后的运动幅度增大,导致土壤强度变弱,土壤强度减弱后车轮沉陷量增大,牵引力减小。侧倾路面的坡度为 15°,车轮与地面的接触压力大于纵倾路面,但牵引力却小于纵倾坡牵引力,其原因是无人平台的侧向运动对土壤强度产生了破坏,土壤的剪切力有一部分转化为侧向力,削弱了纵向方向上的土壤推力。值得注意的是,侧倾坡上牵引力在滑转率超过 0.5 之后的增长速度更快,在滑转率达到 0.7 之后下降速度减小,这是由于高滑转率下形成了较大的车轮沉陷,与其他两种路面不同,无人平台在侧倾坡行驶时车轮与路面产生侧向挤压,侧向挤压面积随着沉陷量的增大而增大,车轮与土壤的侧向挤压提供了土壤推力,使得牵引力增加更为明显或减小速度减缓。3 种沙壤路面上无人平台的驱动力矩如图 5.12(b)所示,相比于牵引力,各路面上的驱动力矩在数值上差异较小,其变化趋势基本相同,在滑转率超过 0.7 之后有下降的趋势,与数值计算结果类似。

　　前面通过理论计算得到了无人平台在平坦沙壤路面上的牵引性能,将理论计算与平坦沙壤路面的仿真结果进行对比,如图 5.13 所示。图 5.13(a)所示的是牵引力对比,平坦沙土路牵引力的仿真数据与沙壤 1 上的牵引力最为接近,且变化趋势相同。各种滑转率下仿真所得到的牵引力均比沙壤 1 要小,但差值较小,不超过 500N,误差小于 8.3%,仿真与理论计算结果在牵引力分析上的吻合度较高。仿真中的颗粒未模拟沙壤中水分产生的影响,因此可看作含水率为 0 的沙壤,沙壤 1、沙壤 2 和沙壤 3 的含水率分别为 11%、15%、23%,沙壤 1 的含水率最小,所以与仿真结果最为接近。由此可以认为,在含水率低于 23%时,沙壤的含水率越大,沙壤能为无人平台提供的牵引力越大。图 5.13(b)所示的是仿真测得的沙壤驱动力矩与理论计算对比,由图可以看到,仿真测得的驱动力矩与沙壤 1 的驱动力矩较为接近,变化趋势与沙壤 1 也极为类似。仿真测得的驱动力矩在滑转率较大时明显大于沙壤 1 的驱动力矩,在牵引力计算结果较为接近的情况下,牵引效率将明显低于沙壤 1 上的牵引效率,造成这种现象的原因在于仿真中所用的沙壤颗粒为球形颗粒,球形颗粒在运动过程中极易滚动,大量颗粒之间的滚动需消耗车轮驱动力矩,而实际沙壤颗粒的形状多为不规则形状,这种不规则形状使得各颗粒之间互相啮合,减小了颗粒滚动。因此,仿真所测驱动力会大于理论计算的驱动力矩。后期的研究工作中将尝试使用复杂形状的颗粒进行仿真,进一步优化牵引性能的预测精度。

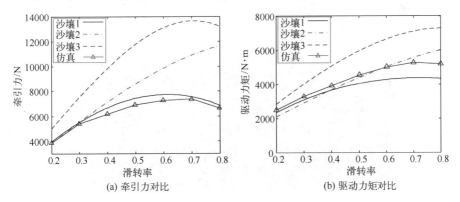

图 5.13　沙壤牵引性能仿真与理论计算对比

▶ 5.4.2 黏土路面牵引性能分析

黏土的力学特性与沙壤的力学特性有着很大的区别,黏土颗粒在被车轮碾压之后会形成黏结,土壤密度增大,土壤承载强度和剪切强度也随之增大。图5.14所示的是无人平台以0.2的滑转率在不同黏土路面上行驶时牵引力和驱动力矩随时间的变化过程。在初始阶段内由于车轮与土壤接触尚不稳定,牵引力和驱动力矩都出现了明显的振荡,经过1s后逐渐趋于稳定。图5.14(a)所示的平坦黏土路牵引力在1s后稳定于1900N左右,在2.5~3.5s内逐渐增大至2800N左右。无人平台经过2.5s的行驶,后两轴车轮与土壤的接触区域逐渐与前一车轮的车辙重合(图5.15),随着无人平台继续行驶后两轴车轮在3.5s时完全行驶在前一车轮的车辙之上,所能获得的牵引力明显增大。图5.14(b)所示的驱动力矩在1s内呈振荡上升趋势,2s后振荡幅度明显减小,但随着车辙重合,在2~3s时间段内驱动力矩小幅减小,3s之后稳定于4300N·m左右。

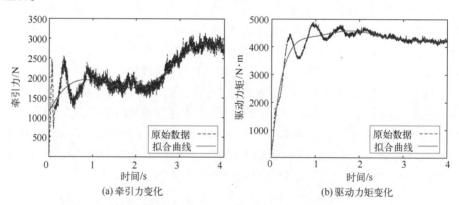

(a)牵引力变化　　　　　　　　(b)驱动力矩变化

图5.14　平坦黏土路面牵引力和驱动力矩变化

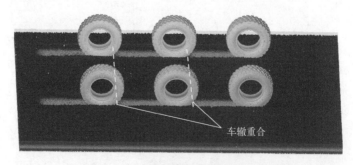

图5.15　2.5s时平坦黏土路面车辙(见彩插)

　　图 5.16(a)所示的是无人平台在 20°纵倾坡黏土路面上行驶的牵引力,变化过程与平坦路面牵引力相似,由于路面坡度,车轮与土壤的接触压力减小,使得牵引力整体减小了约 200N。2.5s 之后牵引力同样出现明显增大,牵引力增大的原因与平坦路面相同,3.5s 后稳定在 2600N。图 5.16(b)所示驱动力矩的变化趋势与平坦路面相同,数值上整体减小了 100N·m。图 5.17(a)所示的是无人平台在 15°侧倾坡黏土路面上行驶的牵引力,与前两种情况有所不同,无人平台的牵引力整体大幅减小且变化过程也完全不同。牵引力在第 1s 内变化较大,1s 后变化幅度减小,2.5s 之后并未大幅提升反而有所下降。与 5.4.1 节中提出的原因相同,无人平台在重力的侧向分力作用下产生了侧向运动,后两轴车轮不再沿前一车轮的车辙行驶,其所行驶过的土壤都未曾经过碾压(图 5.18),因此牵引力不再增大。相反地,前一车轮的行驶扰动了后一车轮即将接触的土壤,使得后一车轮所接触的土壤强度降低,牵引力小幅下降。图 5.17(b)所示的驱动力矩在 2.5s 之前与纵倾路面驱动力矩变化相同,但在 2.5s 之后的变化趋势与纵倾路面相反,驱动力矩逐渐增加至 4200N·m,其原因与牵引力变化的原因相同,车轮行驶在强度减弱的土壤上所需驱动力矩有所增加。

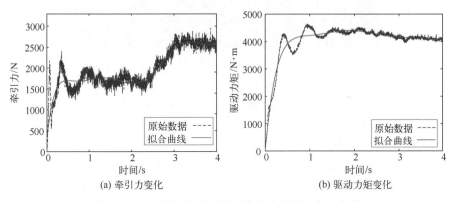

(a) 牵引力变化　　　　　　　　　(b) 驱动力矩变化

图 5.16　20°纵倾坡黏土路面牵引力和驱动力矩变化

　　无人平台以不同滑转率在平坦、侧倾坡和纵倾坡等 3 种黏土路面上的牵引力如图 5.19(a)所示,与沙壤上的牵引力变化趋势不同,无人平台在平坦和纵倾两种黏土路面上的牵引力在滑转率为 0.5 时达到了峰值,之后随着滑转率的增大而下降,无人平台在侧倾路面上的牵引力在滑转率为 0.6 时达到了峰值。牵引力随滑转率变化的过程中,纵倾路面的牵引力一直小于平坦路面且差值稳定。而侧倾坡只有在滑转率小于 0.5 时,牵引力小于纵倾坡牵引力,滑转率大

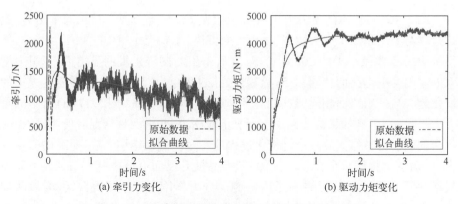

(a) 牵引力变化　　　　　　　　(b) 驱动力矩变化

图 5.17　15°侧倾坡黏土路面牵引力和驱动力矩变化

图 5.18　15°侧倾坡黏土路面行驶轨迹(见彩插)

于 0.5 后的侧倾坡变化趋势与沙壤路面不再相符,随着滑转率的继续增大,侧倾路面的牵引力将大于平坦路面的牵引力,在滑转率为 0.7 时甚至超过了平坦路面的牵引力,其主要原因是无人平台的侧向运动。侧倾路面与其他两种路面不同,侧倾路面上的无人平台有侧向运动,侧向运动使得车轮侧面挤压土壤,从而产生了土壤推力,滑转率超过 0.6 时,车轮滑转造成的沉陷量较大,但另一方面增大了车轮侧面与土壤的接触面积,从而一定程度上弥补了沉陷量增大造成的牵引力损失。而纵倾路面和平坦路面由于没有车轮侧面与土壤的挤压,不会产生这种效果,因此在滑转率较大时侧倾路面上无人平台牵引力的减小幅度小于其他两种路面。无人平台在 3 种黏土路面上的驱动力矩如图 5.19(b)所示,滑转率小于 0.5 时,无人平台在 3 种黏土路面上的驱动力矩非常接近,与牵引力变化类似,在滑转率大于 0.5 后,平坦路面和纵倾路面上的驱动力矩随着滑转率的增大而减小。

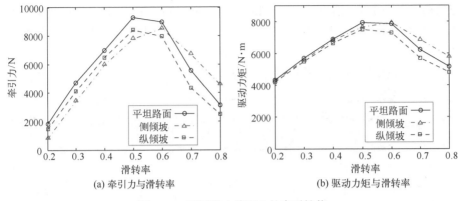

(a) 牵引力与滑转率　　　　　　(b) 驱动力矩与滑转率

图 5.19　不同黏土路面上的牵引性能

5.5　基于构型变化的牵引性能增强

　　本章各节研究的是无人平台在不变构型状态下的牵引性能,由仿真研究结果可知,无人平台在行驶过程中由于车辙影响,各轴车轮牵引力有所不同。无人平台在改变行驶系统构型后,各轴载荷必然发生变化,各轴车轮产生的牵引力随之变化。为此,针对可变构型的行驶系统,需要进一步研究不同构型对牵引性能的影响,以分析结果为依据选择最优构型,实现牵引性能的增强。构型变化主要通过车轮载荷影响牵引性能,因此在分析不同构型下的牵引性能之前,需分析构型种类以及不同构型对车轮载荷的影响。

 ### 5.5.1　行驶系统的构型变化种类

　　各轴油气弹簧行程均处于中位且前两轴轴距与后两轴轴距相等为无人平台的初始构型,此时无人平台各轴载荷分布较为均衡。中间轴处于初始位置时为构型变化的一种过渡状态,因此这里仅考虑中间轴处于前端和后端的构型,假设同轴两侧悬架高度同步变化,忽略由于无人平台侧倾造成同轴之间的轮荷差。接地的车轮数量越多牵引性能越好,所以忽略提轮的四轮构型。不同悬架高度和轴距下的构型共有 6 种,图 5.20(a)所示为中间轴前移且各轴悬架油气弹簧行程相同的构型;图 5.20(b)所示为中间轴前移,前轴悬架油气弹簧伸张的构型;图 5.20(c)所示为中间轴前移,前轴油气弹簧收缩的构型;图 5.20(d)所示为中间轴后移,各轴油气弹簧行程相同的构型;图 5.20(e)所示为中间轴后移,前轴油气弹簧伸张的构型;图 5.20(f)所示为中间轴后移,前轴油气弹簧收缩的构型。图中的构型变化将同轴两侧悬架视为同步变化,若考虑同轴两侧悬架行程的不同带来行驶系统构型差异,则图中每种构型都可衍生出另外 8 种构型(同轴两侧悬架相对位置一高一低 2 种构型,三轴 8 种组合)。为简化分析,这里不考虑两侧悬架高低不同的衍生构型。

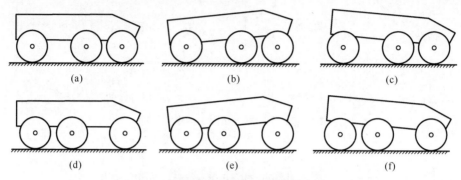

图 5.20　行驶系统构型变化种类

▶ 5.5.2　各构型种类下的轴荷分析

本书提出的行驶系统在每种构型下的轴荷分布均不相同,不仅轴距的调整可影响轴荷,悬架高度调节同样改变各轴轴荷。无人平台初始状态下中间轴处于初始位置,各悬架油气弹簧行程处于中间行程 125mm 处。油气弹簧伸缩行程为 250mm,设备轴油气弹簧相对初始位置变化的主动行程分别为 λ_1、λ_2、λ_3,正值表示伸张行程,负值表示压缩行程。随着油气弹簧主动伸缩和中间轴的移动,无人平台的车身姿态必然发生变化,各油气弹簧的变形量随之变化。油气弹簧变形的几何关系如图 5.21 所示。

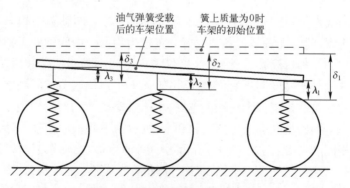

图 5.21　油气弹簧变形的几何关系

根据几何关系,油气弹簧变形量的关系式可写为

$$\frac{(\delta_1-\lambda_1)-(\delta_3-\lambda_3)}{(\delta_2-\lambda_2)-(\delta_3-\lambda_3)}=\frac{l}{l-l_1} \tag{5.48}$$

代入式(4.3)可得

$$(l_1-l)N_1+lN_2-l_1N_3=2k(l-l_1)(\lambda_3-\lambda_1)-2kl(\lambda_3-\lambda_2) \tag{5.49}$$

结合式(4.1)和式(4.2)组成的方程组可写为矩阵形式:

$$\boldsymbol{LN=D} \tag{5.50}$$

其中,$\boldsymbol{L}=\begin{bmatrix} 1 & 1 & 1 \\ 0 & l_1 & l \\ l_1-l & l & -l_1 \end{bmatrix}$, $\boldsymbol{D}=\begin{bmatrix} W \\ Wa \\ 2k(l-l_1)(\lambda_3-\lambda_1)-2kl(\lambda_3-\lambda_2) \end{bmatrix}$

通过代数运算解得

$$\boldsymbol{N=L^{-1}D}=\begin{bmatrix} \dfrac{W(l^2+l_1^2)-Wa(l+l_1)-2k(l-l_1)^2(\lambda_3-\lambda_1)+2kl(l-l_1)(\lambda_3-\lambda_2)}{2l^2-2l_1l+2l_1^2} \\[2ex] \dfrac{2kl(l-l_1)(\lambda_3-\lambda_1)-2kl^2(\lambda_3-\lambda_2)-Wa(l-2l_1)+Wl(l-l_1)}{2l^2-2l_1l+2l_1^2} \\[2ex] \dfrac{Wa(2l-l_1)-Wl_1(l-l_1)-2kl_1(l-l_1)(\lambda_3-\lambda_1)-2kll_1(\lambda_3-\lambda_2)}{2l^2-2l_1l+2l_1^2} \end{bmatrix} \tag{5.51}$$

将行驶系统结构参数代入式 5.51 后可计算得到各轴油气弹簧伸缩量对轴荷的影响,计算结果如图 5.22 所示。图 5.22(a)表示了各油气弹簧主动行程一致时轴距变化对轴荷的影响,图 5.22 (b)~(d)分别表示了中间轴处于初始位置时前轴油气弹簧伸缩量、中间轴油气弹簧伸缩量、后轴油气弹簧伸缩量对各轴轴荷的影响。由图可知,中间轴处于初始位置时,油气弹簧伸缩量对前轴轴荷和后轴轴荷影响相同,因此前轴轴荷和后轴轴荷随油气弹簧伸缩量的变化曲线重合。由图 5.22 (b)和图 5.22 (d)的变化曲线完全一致,说明前轴油气弹簧和后轴油气弹簧的伸缩对轴荷的影响效果完全相同,它们的伸张均使得前轴和后轴轴荷增大,中间轴轴荷减小,它们的收缩将形成相反的结果,即前轴和后轴轴荷减小,中间轴轴荷增大。由图 5.22(c)可知,随着中间轴油气弹簧的伸张,中间轴轴荷增大,前轴和后轴的轴荷减小。此外,由曲线变化斜率可看出,各轴轴荷对中间轴油气弹簧伸缩量的变化更为敏感,中间轴油气弹簧可调整的轴荷范围更大。图中单独分析了各油气弹簧和轴距对轴荷的影响趋势,依据影响趋势可判断出各构型下的轴荷分布情况。

为通过构型变化改变轴荷分配进而提高无人平台的牵引性能,需研究各构型下的具体轴荷分布情况,根据分析得到的轴荷计算式,代入表 2.6 中行驶系

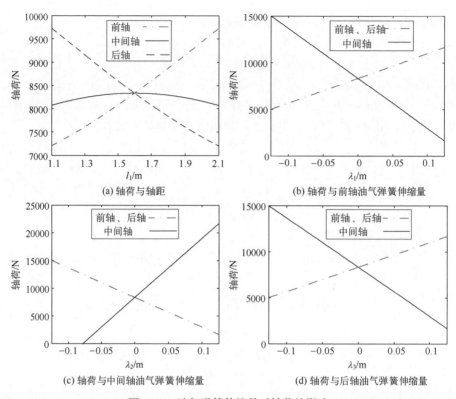

(a) 轴荷与轴距　　(b) 轴荷与前轴油气弹簧伸缩量

(c) 轴荷与中间轴油气弹簧伸缩量　　(d) 轴荷与后轴油气弹簧伸缩量

图 5.22　油气弹簧伸缩量对轴荷的影响

统结构参数分别计算图 5.20 中各构型的轴荷,计算结果如表 5.6 所示。由表 5.6 可知构型 b 下中间轴轴荷为 0,然而实际情况中车轮将依靠簧下质量与地面接触,油气弹簧由被压缩变为被拉伸。车轮仅承受较小的簧下质量,前轴和后轴则均衡地承受了其余负载,因此构型 b 接近为四轮驱动构型,牵引性能增强的构型选择不再考虑构型 b。除构型 b 外,前轴车轮在构型 e 下的载荷最大,在构型 c 下的载荷最小。

表 5.6　各构型的轴荷分布

	前轴轴荷/N	中间轴轴荷/N	后轴轴荷/N
构型 a	4291	12509	8200
构型 b	12500	0	12500
构型 c	1643	16545	6813
构型 d	9726	8071	7204
构型 e	11252	3632	10117
构型 f	8200	12509	4291

5.5.3　增强牵引性能的构型选择

由 5.5 节的牵引性能分析可知,车辙是影响整车牵引性能的重要因素。不同类型的土壤,车辙的影响完全不同,无人平台在沙壤上行驶时,若后两轴车轮经过前轴车轮的车辙,则牵引力出现明显下降。当无人平台在黏土上行驶时,若后两轴车轮经过前轴车轮的车辙,则牵引力出现明显上升。出现这种现象的根本原因在于土壤的可压缩性,若为可压缩土壤,在经过车轮压实后承载强度增大,再次通过时车轮沉陷量减小,行驶阻力减小。若为不可压缩土壤,在经过车轮扰动后土壤结构被破坏,承载强度反而减小,再次通过时车轮沉陷量反而增大,牵引力减小。因此,需根据不同的土壤类型制定构型策略。

假设无人平台所行驶的土壤均为首次行驶,之前未有过其他车辆的行驶。沙壤上直线行驶时,前轮经过的区域是未被碾压破坏的,而后两轴车轮则行驶在前轮车辙上,因此前轮牵引性能最好,后两轴车轮牵引性能较差。由以前的研究可知,车轮牵引力随着车轮载荷增大而增大,因此无人平台在沙壤上行驶时应通过构型变化增大前轴车轮载荷减小后两轴车轮载荷。无人平台在黏土上直线行驶时,前轴车轮牵引性能最差,后两轴车轮牵引性能更好,应通过构型变化减小前轴车轮载荷而增大后两轴车轮载荷。由表 5.6 可知前轴车轮在构型 e 下的载荷最大,在构型 c 下的载荷最小。因此无人平台在沙壤上行驶时采用构型 e,在黏土上行驶时采用构型 c 以增强牵引性能。

5.6　小　　结

本章对无人平台野外行驶的牵引性能进行了研究,提出了两种牵引性能预测方法。基于车辆理论和地面力学理论提出的数值计算方法在代入土壤参数和结构参数后能快速得到结果,但只能适用于平坦路面,其次未考虑车辙对牵引性能的影响。动力学软件 Recurdyn 和离散元软件 EDEM 的耦合仿真模拟了无人平台在不同坡度路面和不同土壤上的行驶工况,考虑了车辙影响,弥补了数值计算的缺陷。仿真结果表明,无人平台在不同坡面上的牵引性能以及在不同土壤上的牵引性能均有较大差异:

(1) 无人平台行驶在黏土路面上时,后轮经过前轮的车辙有利于提高牵引力和牵引效率,而行驶在沙壤路面时则不利于提高牵引力和牵引效率。

（2）无人平台行驶在坡度路面上的牵引力小于平坦路面，其原因有两个方面：第一，路面坡度使得车轮与地面的接触压力减小，造成牵引力减小。第二，坡面土壤在重力沿坡面分力的作用下承载能力和剪切强度减弱，所能提供的牵引力减小。

（3）无人平台行驶在侧倾路面时由于存在侧向运动，牵引性能的变化与平坦路面和纵倾路面的差异较大。土壤剪切强度一部分消耗于无人平台的侧向运动，使得牵引力小于坡度更大的纵倾路面。当滑转率较大时，车轮侧面与土壤接触面积较大，车轮与土壤的侧向挤压产生了土壤推力，使得牵引力大于纵倾路面和平坦路面（黏土路面）或接近纵倾路面（沙壤路面）。

第6章 基于轮步复合行驶方式的牵引性能分析与增强

第5章研究了轮式无人平台多工况下的整体牵引性能,但并未涉及行驶系统构型变化产生的影响,而轮腿机器人的相关研究表明,行驶系统合理的构型变化必然能对牵引性能产生增强作用。本章借鉴轮腿机器人行走方式,结合行驶系统自身的变构型特点,提出了轮步式行驶方式,旨在增强无人平台牵引性能,提升无人平台松软路面上的脱困能力。为获得轮步行驶方式对牵引性能的增强效果,基于地面力学理论分析了轮步式行驶方式的轮壤作用机制,通过数值计算对比了轮步行驶方式和普通行驶方式的牵引性能,初步验证了轮步式行驶方式增强效果,动力学和离散元的联合仿真则进一步验证了轮步式行驶方式可行性和有效性。

6.1 轮步复合行驶方式

基于悬架提升和轴距调节可实现无人平台的轮步行驶模式,轮步行驶模式旨在提高无人平台的牵引性能,增强在无人平台陷入松软湿滑路面时的脱困能力。轮步行驶过程如图 6.1 所示,轮步行驶前将各悬架油气弹簧被动行程锁止,使得前后轴悬架行程不再受轴荷变化影响。首先通过中间轴悬架的收缩提升中间轴两车轮,车轮提升后通过轴距调节机构推动中间轴车轮向后移动至如图 6.1(a)所示的位置。之后,轴距调节机构推动中间轴车轮相对车架向前移动至最前端,如图 6.1(b)所示。中间轴移动至前端后通过悬架伸张放下中间轴车轮,使得车轮与地面接触并产生沉陷,如图 6.1(c)所示,然后通过轴距调节机构将中间轴车轮沿地面向后拉动,如图 6.1(d)所示,此时中间轴车轮为制动或低速旋转状态,此过程中由于中间车轮推动土壤向后运动,地面对中间轴车轮产生前向的推力,并将推土阻力转化为前进的动力。轴距调节机构拖动车轮的行程即轴距调节范围 1m,轮步行驶模式的目的就是在这 1m 的行程内产生足够的牵引力帮助无人平台摆脱困境。无人平台可从图 6.1(d)的状态直接进入图 6.1(a)的状态,整个轮步行驶过程可重复循环,从而不断地为无人平台延续动力。

为评估轮步行驶模式增强牵引性能的效果,本章将通过数值计算和离散元-动力学(Recurdyn-EDEM)联合仿真分析轮步行驶的牵引性能,通过与正常行驶模式牵引性能的对比论证有效性,并在研究过程中提出进一步的优化策略。

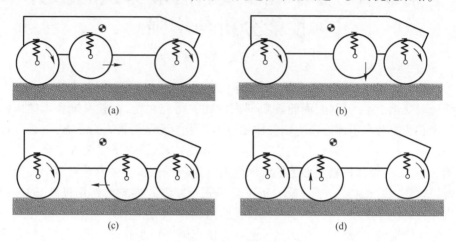

图 6.1 轮步行驶模式

6.2 轮步行驶模式的牵引性能增强机制

 ### 6.2.1 轮步行驶模式的轮壤作用机制

无人平台中间轴车轮在不同行驶模式下的轮壤有所不同,图 6.2 所示的是两种模式下中间轴车轮的受力分析,τ 为土壤对车轮的切应力,σ 为土壤对车轮的支撑力,W_i 为车轮载荷,r 为车轮半径,θ_1、θ_m、θ_2 分别为土壤接近角、最大应力角、土壤离去角,z 表示车轮沉陷量。图 6.2(a) 所示的是中间轴车轮在正常行驶模式下的受力,这种受力情况与其余车轮相同,车轮前进方向与牵引力方向相同,所受推土阻力和压实阻力向后。中间轴车轮在轮步行驶模式下的受力如图 6.2(b) 所示,与正常行驶模式截然不同的是,车轮所受的推土阻力与压实阻力方向与牵引力方向相同,因此推土阻力与压实阻力不再是车轮前进的阻力,而是前进的动力。

正常行驶模式下中间轴车轮的牵引力和驱动力矩分别为

$$F_{DP}^w = \int_{\theta_2}^{\theta_1} br\tau(\theta)\cos\theta\mathrm{d}\theta - \int_{\theta_2}^{\theta_1} br\sigma(\theta)\sin\theta\mathrm{d}\theta - F_{rb} \qquad (6.1)$$

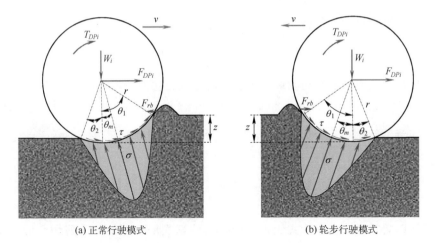

(a) 正常行驶模式　　　　　　　　　　(b) 轮步行驶模式

图 6.2　两种不同行驶模式下的轮壤作用关系

$$T_{DP}^w = \int_{\theta_2}^{\theta_1} br^2 \tau(\theta) \, \mathrm{d}\theta - F_{rb}\left(r - \frac{1}{2}z\right) \tag{6.2}$$

轮步行驶模式下中间轴车轮的牵引力和驱动力矩分别为

$$F_{DP}^s = \int_{\theta_2}^{\theta_1} br\tau(\theta) \cos\theta \, \mathrm{d}\theta + \int_{\theta_2}^{\theta_1} br\sigma(\theta) \sin\theta \, \mathrm{d}\theta + F_{rb} \tag{6.3}$$

$$T_{DP}^s = \int_{\theta_2}^{\theta_1} br^2 \tau(\theta) \, \mathrm{d}\theta + F_{rb}\left(r - \frac{1}{2}z\right) \tag{6.4}$$

土壤变形是土壤对车轮产生切应力的原因,两种不同行驶模式下车轮轮缘上一点的运动分析如图 6.3 所示,图 6.3(a) 所示的是正常行驶模式下车轮的运动,图 6.3(b) 所示的是轮步行驶模式下车轮的运动,车轮前进速度为 u,车轮旋转角速度为 ω。

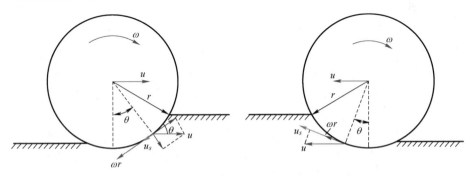

(a) 正常行驶模式下的车轮运动　　　　　(b) 轮步行驶模式下的车轮运动

图 6.3　不同行驶模式下车轮的运动

与轮缘接触面处的剪切变形为

$$j = \int_0^t u_s \mathrm{d}t = \frac{1}{\omega} \int_\theta^{\theta_0} u_s \mathrm{d}\theta \tag{6.5}$$

正常行驶模式下车轮轮缘上一点绝对速度的切向分量为

$$u_s^w = \omega r - u\cos\theta = \omega r[1 - (1-s)\cos\theta] \tag{6.6}$$

式中：s 为滑转率，$s = 1 - \dfrac{u}{\omega r}$，轮步行驶模型的滑转率计算过程中转速和行驶速度仅代入数值，不考虑方向。

轮步行驶模式下车轮轮缘上一点绝对速度的切向分量为

$$u_s^s = \omega r + u\cos\theta \tag{6.7}$$

将切向速度分量表达式代入剪切变形计算式得到正常模式剪切变形 j^w 和轮步模式剪切变形 j^s：

$$j^w = r[(\theta_0 - \theta) - (1-s)(\sin\theta_0 - \sin\theta)] \tag{6.8}$$

$$j^s = r\left[(\theta_0 - \theta) + \frac{u}{\omega}(\sin\theta_0 - \sin\theta)\right] \tag{6.9}$$

根据贝克提出的理论，切应力分布为

$$\tau(\theta) = [c + \sigma(\theta)\tan\varphi][1 - \exp(-j/K)] \tag{6.10}$$

第 5 章已经阐述了车轮沉陷量、压实阻力、土壤推力和推土阻力的计算过程，这里不再赘述，只需按照轮步式行驶切应力的计算方法，代入式（5.31）和式（5.32）可得到轮步行驶车轮的牵引力和驱动力矩。

▶ 6.2.2 牵引性能分析与增强策略优化

根据第 5 章的牵引性能计算过程可得到不同载荷下车轮牵引力与滑转率的关系，如图 6.4（a）所示。滑转率较小时，车轮牵引力随滑转率的增大而增大，滑转率较大时牵引力不再随着滑转率的增大而增大。随着载荷的增大，牵引力最大值增大，但对应的滑转率随之减小。载荷 7000N 下最大牵引力对应的滑转率为 0.56，载荷 5000N 下最大牵引力对应的滑转率为 0.7，载荷 3000N 下最大牵引力对应的滑转率为 0.78，随着载荷的减小，最大牵引力对应的滑转率有增大的趋势。由于整车平均轮荷为 4167N，因此中间轴车轮的最大牵引力对应的滑转率在 0.56~0.78 之间，为形成与轮步行驶模式的对比，在分析轴荷影响时车轮滑转率取 0.7。滑转率较大时牵引力不再随着滑转率增大的原因在于沉陷量随滑转率的增大而显著增加，如图 6.4（b）所示，沉陷量的增加使得行驶阻力增大，因此牵引力不再增加甚至下降，且载荷越大沉陷量随滑转率增加得更快。

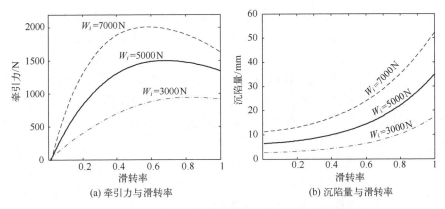

(a) 牵引力与滑转率　　　　　　　　(b) 沉陷量与滑转率

图 6.4　正常行驶模式下车轮牵引力和沉陷量与滑转率的关系

将车轮和土壤参数代入式 (5.31) 和式 (5.32) 可得到中间轴车轮在不同行驶模式下的牵引力和驱动力矩。计算过程中所用的土壤参数取值见表 5.1,土壤选取含水率为 11% 的沙壤土,轮步行驶模式牵引力计算过程中假设车轮为低速旋转状态,转速为 0.1rad/s,滑转率取 0.7,通过 MATLAB 编程计算得到的数值计算结果如图 6.5 所示,由图 6.5(a) 可知,在不同的车轮载荷下,轮步行驶模式下所能获得的牵引力均大于正常行驶模式下的牵引力,随着车轮载荷的增加,轮步行驶模式的牵引力与正常行驶模式下的牵引力之间的差距逐渐增大,当车轮载荷为 5000N 时,车轮正常行驶模式的牵引力为 1500N,而轮步行驶模式的车轮牵引力为 2227N,相比于正常行驶模式增加了 48.5%。图 6.5(b) 所示的是两种行驶模式的驱动力矩对比,相对于牵引力,驱动力矩差别很小。在车轮载荷小于 5000N 时两种模式的驱动力矩非常接近,在较为接近的驱动力矩下轮步模式能获得更大的牵引力。需进一步说明的是,轮步模式车轮在拖动的过

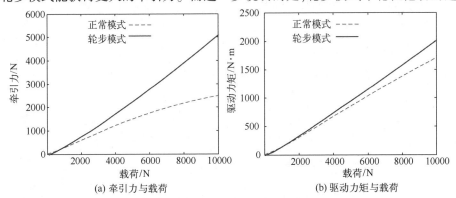

(a) 牵引力与载荷　　　　　　　　(b) 驱动力矩与载荷

图 6.5　轮步行驶模式与正常行驶模式的牵引性能对比

程中实际为制动状态,因此轮步模式的驱动力矩应理解为制动力矩,轮步模式的制动力矩与正常行驶模式的驱动力矩在实现方式和执行部件上完全不同,车轮制动力矩由无人平台液压制动系统实现,液压系统只需锁止车轮位置。而正常行驶模式下的驱动力矩则源自轮毂电机的电力驱动,需轮毂电机持续输出。从两者的动力来源看,车轮制动的能量消耗明显低于车轮驱动。因此,牵引力更大,牵引效率更高的轮步行驶模式具有更好的牵引性能。

由式(6.9)可知,轮步行驶过程中土壤剪切变形受转速影响,转速的减小使得剪切变形增大,进而影响车轮牵引力。为得到最佳的牵引性能,应进一步研究车轮转速对牵引力的影响。切应力与剪切变形的关系如图6.6所示,由图可知,初始阶段切应力随着剪切变形的增大而增大,当剪切变形增大到一定值时切应力将不再增加。由切应力和牵引力的关系可知,剪切变形的增大将直接增大牵引力,由此可认为减小车轮转速可增大牵引力。分

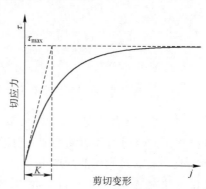

图6.6 切应力与剪切变形的关系

别代入车轮转速0、0.1rad/s和1rad/s进行牵引力计算,转速为0的计算过程中式(6.9)的转速取0.001(若转速取0则计算式无意义),得到如图6.7所示的结果,转速为0时的牵引力最大,转速为0.1rad/s时的牵引力大于转速为1rad/s时的牵引力,验证了减小车轮转速可提高牵引力的结论。

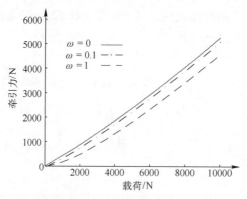

图6.7 不同转速下的牵引力

由数值计算结果可知,轮步行驶模式能获得更大的牵引力,对比式(6.1)和式(6.3)可知牵引力增大的根本原因:轮步行驶模式中的车轮将

正常行驶模式中表现为行驶阻力的压实阻力和推土阻力转化为行驶动力的一部分。若增大压实阻力和推土阻力则可进一步提升轮步行驶模式的牵引力,同时所需驱动力矩并未明显增加,牵引效率进而明显提升。车轮沉陷量是影响土壤压实阻力和推土阻力的关键因素,且随着车轮沉陷量的增大压实阻力和推土阻力进一步增大。当车轮载荷一定时,除土壤特性和车轮结构外,影响车轮沉陷量的只有滑转率,车轮滑转产生动态沉陷,考虑车轮滑转时的沉陷指数修正模型[119]:

$$n = n_0 + n_1 s_r + n_2 s_r^2 \tag{6.11}$$

式中:s_r 为车轮下降过程中的滑转率;n_0 为静态沉陷指数;n_1 和 n_2 为动态沉陷指数,其中 $n_1 = 0.329$,$n_2 = 0.728$。

　　由上式可知,随着滑转率的增大车轮沉陷量随之增大,且呈非线性增加趋势,滑转率越大车轮沉陷量的增幅也越大。对于轮步行驶模式而言,车轮沉陷量的增大有助于提高车轮牵引力。因此,可对轮步行驶模式做进一步改进:在图 6.1(b)所示的车轮与土壤接触过程中使车轮完全滑转以最大限度地增加车轮沉陷量,直至车轮不再沉陷后再进入制动状态,然后进入图 6.1(c)的运动模式,拉动中间轴车轮向后运动实现轮步行驶模式。图 6.8 对比了车轮与土壤接触的过程中滑转率为 0 和 1 时轮步行驶模式所能产生的车轮牵引力,由图可知,车轮完全滑转时的牵引力相对车轮不滑转的牵引力有较大的提高,在车轮载荷为 5000N 时,滑转率为 0 和滑转率为 1 时的牵引力分别为 2368N 和 3271N,牵引力提高了 38.1%。

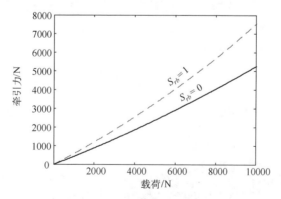

图 6.8　车轮与土壤接触过程中不同滑转率下获得的牵引力

　　因此,在轮步行驶模式中,为最大限度提高牵引力,有两种优化措施:第一,在车轮向后运动的过程中车轮切换为制动状态从而增大土壤剪切变形,获得更大的土壤推力;第二,初始阶段车轮与土壤的接触过程中保持车轮完全滑转以最大限度增大车轮沉陷量,获得更大的牵引力。

6.3 基于 EDEM-Recurdyn 耦合仿真的策略验证

为验证轮步行驶模式对牵引性能的增强效果,在动力学分析软件 Recurdyn 中和离散元软件 EDEM 中分别建立车轮和土壤的仿真模型,通过两个软件的耦合计算模拟车轮运动中轮壤的相互作用。建模方法与第 5 章相同,颗粒参数、接触参数与第 5 章沙壤仿真参数相同。

车轮模型如图 6.9(a)所示,在 Recurdyn 中设置了车轮的水平运动和绕车轮轴线的转动,通过控制车轮转速和前进速度来实现不同的滑转率。此外,车轮上方施加了垂直负载,通过调整垂直负载改变车轮载荷。因此在整个研究过程中控制的变量有滑转率和车轮载荷。离散元软件建立的土槽如图 6.9(b)所示,土槽长 3m,宽 0.8m,高 0.3m,土壤由 20874 个球形颗粒组成,颗粒半径为 15mm,颗粒生成后导入车轮的轮胎部分,打开离散元软件的耦合接口,设置仿真步长和时间,两个软件同时进行仿真,耦合仿真过程如图 6.10 所示。

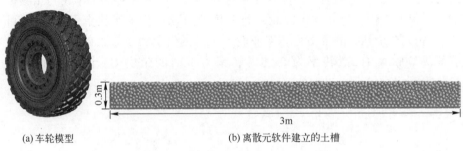

(a) 车轮模型　　　　　　　　　　(b) 离散元软件建立的土槽

图 6.9　轮胎与离散元仿真模型(见彩插)

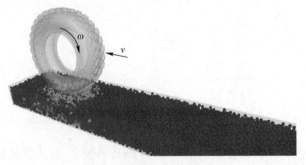

图 6.10　车轮耦合仿真(见彩插)

6.3.1　正常行驶模式牵引性能分析

为形成轮步模式与正常行驶模式的牵引性能对比,需研究正常模式下车轮的牵引性能及影响因素。正常行驶的仿真过程中设置的车轮前进速度与数值计算一致,取 0.2m/s。车轮转速根据滑转率和前进速度计算得到。车轮平均载荷为 4167N,为此仿真考虑的载荷范围为 1000~8000N,每一种滑转率下将车轮载荷由 1000N 逐渐增加至 8000N,每次增加 1000N。

以载荷 5000N、滑转率 0.7 为例,测得车轮的牵引性能数据如图 6.11 所示,车轮行驶时间为 6s。图 6.11(a)所示的是车轮牵引力随时间的变化情况,0~0.2s 内,车轮与沙壤逐渐接触,牵引力处于上升阶段,在 0.5s 后牵引力在小范围变化。牵引力不能维持定值是由于与车轮接触的沙壤颗粒处于不稳定运动状态造成的,颗粒在车轮的扰动下产生运动并将运动传递给与其接触的颗粒,车轮底部区域的颗粒大多处于较为活跃的状态,运动很不稳定,彼此之间的作用力变化较大,对轮胎的作用力也处于实时变化的过程中,因此造成了牵引力的变化。驱动力矩的变化与牵引力的变化相似,在 1500N·m 附近小范围变化,如图 6.11(b)所示。车轮沉陷量的变化过程如图 6.11(c),车轮沉陷量经过 2s 的上升才逐渐稳定,稳定值为 110mm。车轮沉陷量主要由车轮与地面接触压力和车轮滑转造成,由牵引力和驱动力矩变化过程可以看出车轮与土壤的接触经过 0.5s 逐渐稳定,因此在 0.5s 之后车轮与土壤的接触压力不是车轮沉陷量继续上升的原因。从车轮沉陷量变化曲线的 0~0.5s 时间段可以看出,沉陷量在波动上升,造成这种波动的原因就是车轮与地面接触还未稳定,0.5~2.8s 内沉陷量不再出现波动上升,由此可确定 0.5~2.8s 内沉陷量的上升是由车轮滑转造成的。车轮最初与土壤接触时土壤未经过任何的破坏扰动,土壤强度较大,车轮沉陷量较小。随着时间的推移,在车轮滑转作用下,土壤表层颗粒产生运动,车轮沉陷量随之增大,由于初期阶段车轮滑转所影响的运动颗粒数量较少,因此车轮沉陷量较小,但随着车轮的前进,车轮滑转所影响的颗粒数量逐渐增多,使得车轮沉陷量逐渐增大,2.8s 后车轮滑转所影响的颗粒数量趋于稳定,车轮沉陷量随之趋于稳定。

图 6.12 表示了土壤沉陷区域的变化,颜色代表了土壤颗粒的垂向位置,最表层颗粒为蓝色,中间层为绿色,底层为红色。在前 1.2s 内沉陷区域逐渐扩大,最大沉陷量也随时间的推移而增大,1.6~2.4s 内沉陷区域面积也有所增加,但增幅较小,最大沉陷量没有增加,2.8s 之后沉陷量和沉陷区域基本不再变

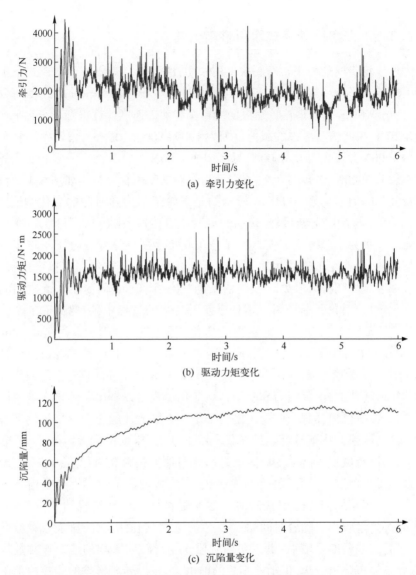

(a) 牵引力变化

(b) 驱动力矩变化

(c) 沉陷量变化

图 6.11　正常行驶模式车轮牵引性能与时间(载荷 5000N)

化,与测得的车轮沉陷量数据互相吻合。对比不同时间的沉陷位置可以看出,车轮在前进的过程中,最大沉陷处土壤跟随车轮一起移动,土壤下陷区域在车轮经过后又填充了一部分颗粒,这部分颗粒由车轮向后刨土产生,车轮轮刺旋转运动推动底部颗粒向后移动,覆盖了之前的沉陷区域,从而减弱了车辙痕迹。正常行驶模式下土壤颗粒的运动如图 6.13 所示,红色箭头表示运动速度较大的颗粒,由图可见,车轮底部的土壤颗粒运动最为剧烈,且运动方向与车轮转动方向一致,运动幅度由接触区域向外逐渐减小。

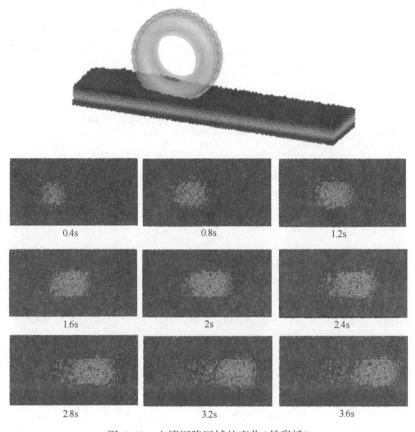

图 6.12 土壤沉陷区域的变化(见彩插)

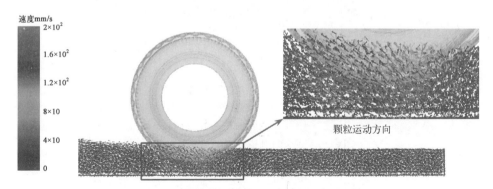

图 6.13 正常行驶模式下的土壤颗粒运动(见彩插)

为准确评价轮步模式牵引性能的增强效果,需将正常模式下的最佳牵引性能与之对比。通过 6.2 节的数值计算可得到不同载荷下最大牵引力对应的滑转率如表 6.1 所示,随着载荷的逐渐增大,最大牵引力对应的滑转率逐渐减小。为减小计算量提高计算效率,每种载荷下选取 0.6、0.7、0.8、0.9 4 种滑转率进行对比,即对 3 种滑转率、8 种载荷的组合运行 24 次仿真。仿真结果如图 6.14 所示。

表 6.1　不同载荷下最大牵引力对应的滑转率

载荷/N	1000	2000	3000	4000	5000	6000	7000	8000
滑转率	1	0.93	0.78	0.74	0.7	0.63	0.56	0.54

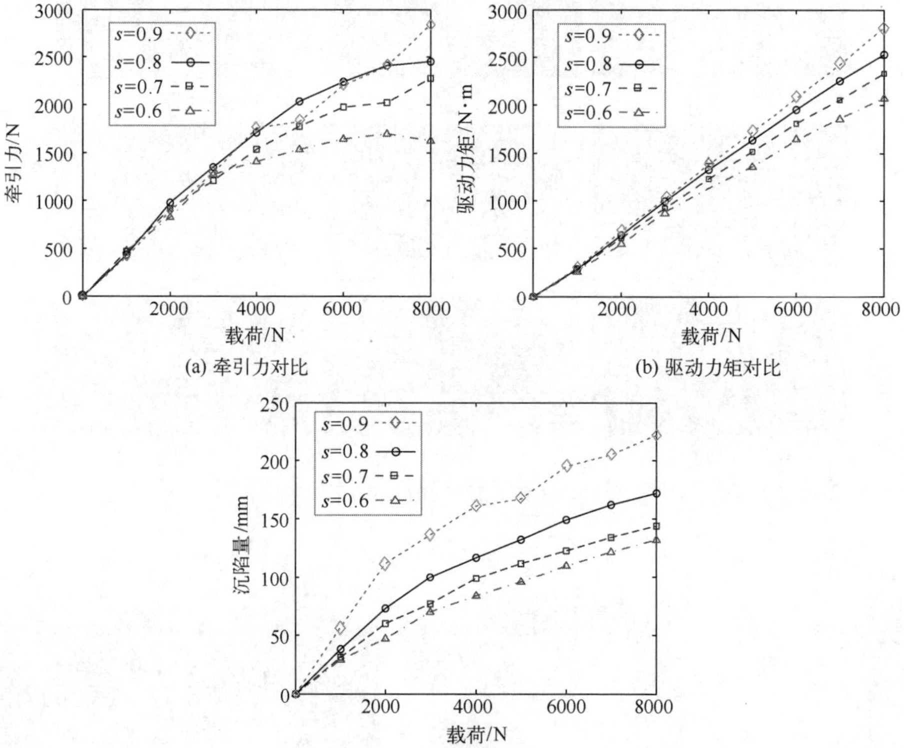

(a) 牵引力对比

(b) 驱动力矩对比

(c) 沉陷量对比

图 6.14　正常行驶模式下的车轮牵引性能

▶ 6.3.2　轮步行驶模式牵引性能分析

经过前面的数值分析可知,为获得最大的牵引力,车轮在土壤中移动时应为制动状态,因此仿真过程中将车轮转速设为 0,车轮在与土壤接触后无滚动地向后移动,推动土壤颗粒向后移动,土壤颗粒则对车轮产生向前的推力,这个推力是轮步行驶过程中车轮牵引力的来源。车轮前进速度为 0.2m/s,将车轮载荷由 1000N 逐渐增至 8000N,每次增加 1000N,运行 8 次联合仿真后分别测得相应的牵引性能数据。图 6.15 所示的是载荷为 5000N 时轮步行驶模式下车轮的牵引性能数据,图 6.15(a) 所示的牵引力数据在第 1s 内快速波动上升至

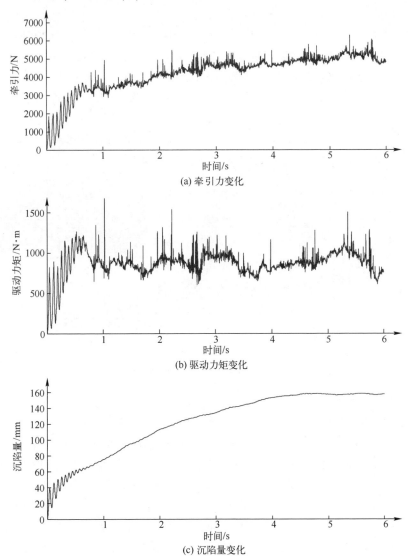

图 6.15 轮步行驶模式下车轮牵引性能与时间(载荷 5000N)

3500N,在 1~5s 时间段内仍然小幅稳定上升,并 5~6s 内稳定于 4700N 左右。对比图 6.11(a)所示的牵引力,轮步模式的牵引力明显高于正常行驶模式的牵引力,且在车轮与土壤稳定接触后牵引力数据更加稳定,牵引力波动范围很小。图 6.15(b)的驱动力矩与正常行驶模式的驱动力矩相比,波动范围较大,其平均值约为 900N·m,小于正常行驶模式的驱动力矩。图 6.15(c)所示的沉陷量变化与牵引力变化相似,在 5s 后稳定于 156mm,其余时间段均与牵引力同步变化,说明沉陷量是影响牵引力的重要影响因素,沉陷量越大,轮步模式下的车轮牵引力越大。轮步模式下的土壤颗粒运动如图 6.16 所示,与正常行驶模式不同,车轮没有转动运动仅有移动运动,因此运动速度最大的颗粒分布在车轮前部而不是车轮底部。车轮前部颗粒中分布在上层的颗粒速度更大,这些颗粒在车轮的推动下运动速度较大,其中部分颗粒向两侧移动,大部分颗粒向前运动,形成土壤堆积,这些堆积起来的土壤可增大推土阻力。对于轮步模式的车轮而言,推土阻力为行驶动力,因此随着颗粒堆积的数量越多,土壤推力越大,与图 6.15(a)中牵引力随时间推移而增大的结果相吻合。

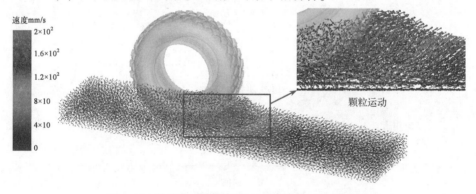

图 6.16　轮步行驶模式下的土壤颗粒运动(见彩插)

　　根据沉陷量越大轮步模式牵引力越大的结论提出了优化策略,优化策略与数值计算中提出的相同,即在车轮下降与土壤接触的过程中增大滑转,以提高初始阶段的沉陷量。根据该策略,在动力学软件中设置车轮的转速函数为 Step(time,0,0,0.01,5)+ Step(time,0.5,0,0.51,-5),车轮在下降过程中的前 0.01s 内,车轮转速迅速增加至 5rad/s,0.01~0.5s 内车轮高速滑转以增大沉陷量。0.5~0.51s 内车轮转速迅速减至 0,保持制动状态。载荷 5000N 下的牵引性能数据如图 6.17 所示,相比于优化前的轮步模式牵引力,图 6.17(a)所示优化后的牵引力更快地达到稳定值,牵引力在 1.2s 后一直稳定于 5300N 左右且波动幅度较小,而优化前的牵引力在 1.5s 时仅为 3500N,在 1.5~5s 内才逐渐增

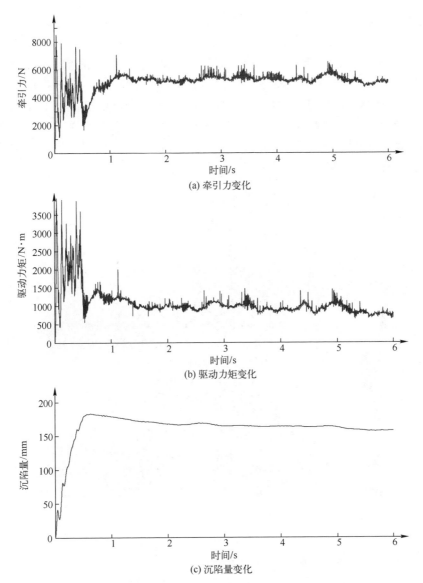

图 6.17　优化后轮步行驶模式下车轮牵引性能与时间(载荷 5000N)

加至稳定值 4700N。此外,中间轴车轮产生牵引力的行程为轴距调节范围 1m,
根据仿真过程中车轮 0.2m/s 的行驶速度,车轮仅在 0~5s 内产生牵引力。中间
轴车轮牵引力越快上升至稳定值则牵引效果越好。而优化后的牵引力不仅在
1.2s 内即达到稳定值,且稳定值大于优化之前的稳定值,由此可见,采用滑转沉
陷的优化策略后牵引力明显增强。图 6.17(b) 所示的驱动力矩同样在 1.2s 后

趋于稳定,稳定值约为 1000N·m,略大于优化之前的驱动力矩,但驱动力矩的变化更加稳定。沉陷量的变化如图 6.17(c)所示,沉陷量在 0.5s 内迅速增至峰值 180mm,这是由于车轮与土壤接触的过程中高速滑转造成的,车轮的滑转明显地增加了沉陷量,0.5s 之后车轮停止转动保持制动状态,车轮被拖动的过程中被土壤支撑力抬起,造成沉陷量出现小幅减小。相比于之前直到 5s 时才增加至稳定值 160mm 的沉陷变化,优化后的沉陷量与牵引力一样增加得更为迅速,且稳定值更大,从而能更快地提供较大的牵引力。优化后轮步行驶模式下的土壤颗粒运动如图 6.18 所示。

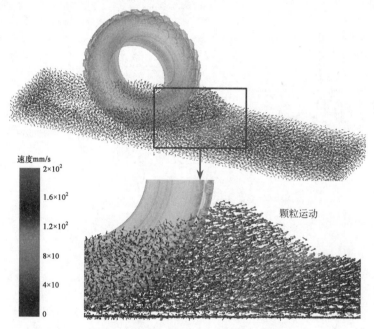

图 6.18　优化后轮步行驶模式下的土壤颗粒运动(载荷 5000N)(见彩插)

6.3.3　轮步行驶模式增强效果验证

根据优化的滑转策略,设置不同载荷并运行多次仿真,将仿真结果与优化前轮步模式和正常模式进行对比,其中正常模式牵引力取多种滑转率中的最大值进行对比。3 种模式下的牵引性能数据对比如图 6.19 所示,图 6.19(a)所示的是 3 种模式在不同载荷下的车轮牵引力变化,轮步模式和优化后的轮步行驶所能获得的牵引力远大于正常行驶模式,优化后轮步行驶的牵引力也有明显提高。3 种模式的车轮驱动力矩如图 6.19(b)所示,正常行驶模式的车轮驱动力矩大于其余两种模式,而轮步模式优化前后的车轮驱动力矩非常接近。轮步模式所需的车轮驱动力矩较小,但提供的牵引力更大,由此可见,轮步模式的牵引效率明显高于正常行驶模式。图 6.19（c）所示的是 3 种模式下沉陷量随车轮载荷的变化,其中,正常模式下的车轮沉陷量最大,轮步模式车轮沉陷量最小。主要原因在于正常行驶模式的滑转率较大,而两种轮步模式的车轮在产生牵引力的过程中没有转动运动,因此轮步模式的牵引力反而更小。从图 6.20 所示的土壤堆积情况也可以看出,正常行驶模式下土壤在车轮后方的堆积很小,这些堆积的颗粒主要是由车轮转动向后刨土产生的,土壤颗粒在车轮的拨动下产生了自身也产生了旋转,且运动初始方向沿轮胎接触点切线方向。与正常行驶模式不同,轮步行驶模式下车轮仅存在平移运动,土壤颗粒的运动以平移为主,运动幅度相对于正常行驶模式大幅缩小,导致车轮行驶过程中土壤堆积越来越多。

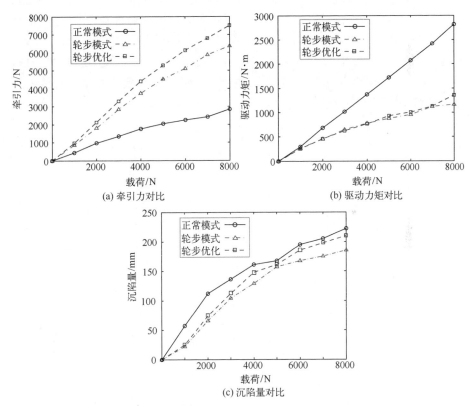

图 6.19　3 种模式牵引性能对比

(a) 正常行驶模式　　　　　(b) 轮步行驶模式　　　　　(c) 优化后轮步行驶模式

图 6.20　3 种模式下的土壤堆积(见彩插)

6.4　小　　结

本章基于行驶系统可变构型的特点提出了一种轮步复合行驶方式来增强无人平台的牵引性能。分析了轮步行驶模式下的轮壤接触机制,并通过数值计算对轮步模式的牵引性能进行了评估,在计算结果的基础上提出了优化策略。通过离散元和动力学的耦合仿真模拟不同行驶模式的行走工况,通过对仿真过程中土壤运动的观察以及对比仿真试验数据验证了轮步模式对牵引性能的增强效果和优化策略的有效性。

第7章 试验研究

试验是检验可变构型无人平台机动性和相关研究结论正确性最为有效的研究方法。为开展相关试验,研制了原理样机并搭建了试验平台,将理论研究和仿真研究所得的构型变化策略应用到试验中以进一步验证构型变化策略的有效性和理论研究的正确性。牵引性能研究方面,开展单轮土槽试验,通过试验数据与仿真数据的对比验证仿真模型的正确性。

7.1 越障性能试验

7.1.1 越 1m 台阶试验

经过仿真试验验证的构型变化策略更为合理和精确,根据该构型变化策略进行实车越障试验,如图 7.1 所示,障碍高度为 1m。前轮越障之前对无人平台姿态进行调整,中间轴悬架伸张至最大行程,后轴悬架收缩至最小行程后前轴悬架收缩至最小行程,根据仿真试验可知,此时为保证无人平台稳定性,中间轴位置不变,如图 7.1(a)所示。随着无人平台的前进,前轴车轮顺利越过障碍,如图 7.1(b)所示。前轴车轮越过障碍后,首先将后轴悬架伸张至最大行程,如图 7.1(c)所示,然后将前轴悬架伸张至最大行程,如图 7.1(d)所示,此时中间轴车轮被提起一定高度,为进一步提高中间轴车轮,将中间轴悬架收缩至最小行程,如图 7.1(e)所示。为保证中间轴越过障碍后无人平台重心处于中间轴车轮与地面接触面之前,将中间轴后移 0.3m,如图 7.1(f)所示。无人平台继续行驶至中间轴车轮越过障碍,此时后轴车轮脱离地面,前轴车轮与中间轴车轮支撑无人平台,如图 7.1(g)所示。前轴悬架收缩至最小行程后,后轮被提升,如图 7.1(h)所示,后轴悬架收缩至最小行程后,后轮被提升至最高,如图 7.1(i)所示。随着无人平台继续前进,后轴车轮越过障碍,至此无人平台完成越障,如图 7.1(j)所示。

图 7.1　越 1m 台阶试验

7.1.2 越 1.5m 壕沟试验

越 1.5m 壕沟的试验过程如图 7.2 所示,无人平台越壕前各轴悬架被动行程锁止减小轴间载荷转移产生的车身俯仰,中间轴移动至最前端以使得重心位于后轴与中间轴之间,如图 7.2(a)所示。无人平台低速行驶至前轴车轮悬空,如图 7.2(b)所示,此时中间轴车轮承受大部分车身负载,轮胎发生一定程度的压缩。随着无人平台继续行驶,前轴车轮接触壕沟另一端,如图 7.2(c)所示。前轴车轮爬上壕沟另一端后中间轴车轮悬空,中间轴车轮悬空的同时中间轴移动至最后端,使得重心位置位于前轴和中间轴之间,如图 7.2(d)所示。无人平

(a) (b)

(c) (d)

(e) (f)

图 7.2　越 1.5m 壕沟试验

台继续行驶至中间轴车轮与壕沟另一端接触,与此同时后轴车轮与壕沟边缘接触,如图 7.2(e)所示。中间轴车轮越过障碍后后轴车轮悬空,无人平台依靠前轴与中间轴的支撑保持稳定,如图 7.2(f)所示。随着无人平台继续向前行驶,后轴车轮将越过壕沟。

 ### 7.1.3　0.4m 障碍冲击试验

无人平台在面对较高障碍或较宽壕沟时需通过构型变化缓慢通过障碍物,越障过程中所受的冲击载荷较小。然而在实际行驶过程遇到较小的障碍物时为保证较高的行驶效率,需以一定速度通过障碍,无人平台以一定速度通过时必然受到不可忽略的冲击载荷,对无人平台整体结构强度是一个极大的考验。为校验无人平台的结构强度,保证快速越障过程的可靠性,开展了越障冲击试验。

1. 试验过程

在试验场地搭建了 0.4m 的台阶障碍,如图 7.3 所示,无人平台以 10km/h 的速度匀速行驶直至接触障碍,无人平台在通过障碍的过程中受到了较大的冲击载荷,车身姿态也发生了明显变化。

图 7.3　0.4m 台阶障碍

为考核结构件的强度,在结构件关键部位粘贴应变片,采用应变测试系统结构件应变数据进行存储和分析。选取前轴左侧悬架横臂、中间轴左侧悬架横臂、前轴左侧悬架安装座、中间轴左侧悬架安装座以及车架作为待测量的结构件。悬架应变测试共选定 5 个测点,其中前轴左侧悬架选定 3 个测点,中间轴左侧悬架选定 2 个测点,各测点及应变片布置位置如图 7.4 和图 7.5 所示,限于文章篇幅,其余结构件测试点不再列出。

2. 应力分析

应变片测试所获数据为各测点应变数据,测试过程中均采用单向应变片,且采用四分之一桥接线法,因此各测点对应的应力求解计算公式为

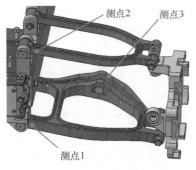

(a) 前轴左侧悬架测点

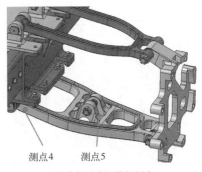

(b) 中间轴左侧悬架测点

图 7.4 悬架应变测点位置(见彩插)

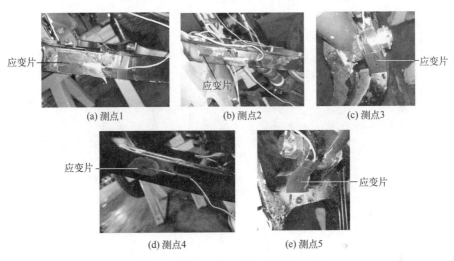

(a) 测点1　　　　　　(b) 测点2　　　　　　(c) 测点3

(d) 测点4　　　　　　(e) 测点5

图 7.5 各测试点应变片位置示意图

$$\sigma = \varepsilon E \tag{7.1}$$

式中:σ 为应力(MPa);E 为弹性模量(MPa);ε 为应变。

本次测量中计算应力所需悬架、悬架安装座以及车身材料属性如表 7.1 所示,应力片测得各结构件应变后根据材料的弹性模量可换算得到相应的应力,悬架各测点的应力变化如图 7.6 所示,各测点应力均在某一时刻出现明显峰值,峰值之后所受的应力很小,因此只需校核应力最大峰值是否小于材料的屈服极限。提取工况测试过程中各检测位置的应力最大值如表 7.2 所示。由表看出,相比于其他悬架测点,悬架测点 1 处应力值最大,即前轴左侧悬架下横臂根部处所受应力最大,应力为 140.7545MPa,发生时间为 6.149s;其次的较大值为测点 2 处,即前轴左侧悬架上横臂根部处,应力为 123.8841MPa,发生时间为

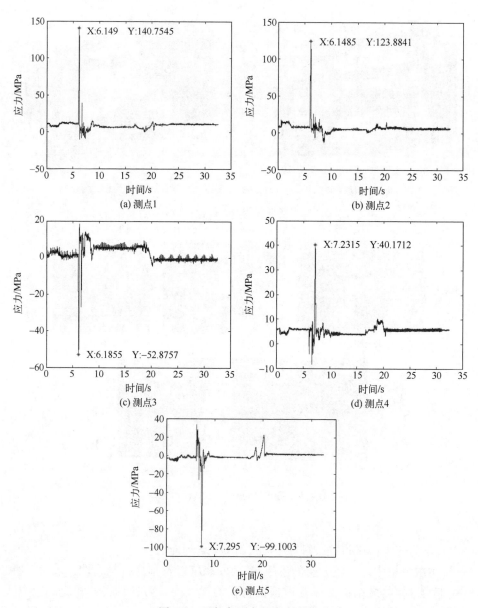

图 7.6 悬架各测点的应力变化

6.1485s。车轮与障碍接触的瞬间将冲击负载几乎同时传递给上横臂和下横臂,从而导致两处测试点应力峰值发生的时间非常接近。中间轴左侧悬架两个测点应力较大处为测点 5,最大值为−99.1003 MPa,发生时间为 7.295s;中间轴左侧悬架应力最大值发生时间相对滞后,前轮测点应力最大值发生时间在 1s

左右。悬架各测点的应力峰值均小于悬架材料的屈服强度 890MPa,悬架结构强度满足试验需求。此外,采用相同的测试方法测得悬架安装座测试点的应力峰值为 43.9MPa,以及车架测试点所受的最大应力为 143.1MPa,均小于相应的材料屈服强度。因此,行驶系统关键结构件均能满足越障冲击试验的强度要求,进而保证了无人平台在崎岖路面行驶时的可靠性。

表 7.1　结构件材料属性

结　构　件	材　　料	屈服极限/MPa	弹性模量/GPa	泊松比
悬架	钛合金	890	110	0.3
悬架安装座	铝合金	480	69	0.3
车身	铝合金	480	69	0.3

表 7.2　悬架各测点最大应力值及发生时间

测点位置	测点 1	测点 2	测点 3	测点 4	测点 5
最大值/MPa	140.7545	123.8841	−52.9	40.1712	−99.1003
发生时间/s	6.149	6.1485	6.1855	7.2315	7.295

7.2　牵引性能试验

目前关于越野车辆牵引性能的试验方法有两种,一种是在轮辋上加装六分力传感器,对车轮所受的三个方向力和力矩进行测量,从而获得牵引数据;另一种是单轮土槽试验,以车轮为研究对象开展牵引试验。根据实验室现有条件,本节采取土槽试验的方法对车轮牵引特性进行研究。

7.2.1　土槽试验平台

牵引性能试验平台由载荷平台、槽体、六维力传感器和电机等部分组成,如图 7.7 所示。载荷平台由增重箱、减重箱、滑轮和直线导轨组成,增重箱和减重箱内部可放置铅块,如图 7.7(a)所示。荷载平台的主要功能是通过增重箱重量和减重箱的配合使用来调节轮胎荷载的。

土槽槽体用来放置试验所需土壤,其尺寸为 8.5m×2.3m×0.88m,槽体两侧装有导轨以保证载荷平台的直线运动,如图 7.7(b)所示。槽体一端的拖曳电机可控制载荷平台的移动,槽体两边挡板上的直线导轨能够确保载荷平台运动时的方向为水平直线。拖曳电机为伺服电机,能够确保牵引试验时平台运行速度的精度。

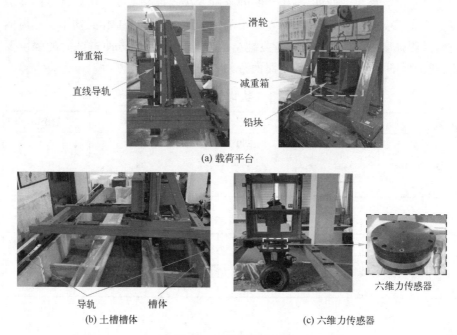

(a) 载荷平台

(b) 土槽槽体

(c) 六维力传感器

图 7.7 土槽试验平台

六维力传感器在载荷平台上的安装位置如图 7.7(c)所示,六维力传感器可以对车轮三个方向上的力和力矩同时测量,结合试验轮胎的实际受力情况,本系统选用 ATI 工业自动化公司 FC-OMEGA160 型号的六维力传感器,具体参数如表 7.3 所示。

表 7.3 六维力/力矩传感器的参数

标　　准	$F_x,F_y(\pm N)$	$F_z(\pm N)$	$T_x,T_y(\pm N \cdot m)$	$T_z(\pm N \cdot m)$	质量/kg	直径/mm	高度/mm
SI-2500-400	2500	6250	400	400	2.7	160	55.9

▶ 7.2.2 牵引特性试验

牵引性能试验过程中,载荷平台对车轮施加载荷,拖曳电机控制载荷平台和车轮的直线运动,与车轮连接的伺服电机为车轮提供驱动并控制车轮转速,通过载荷平台移动速度 u_i 和车轮旋转速度 ω_i 的控制来达到指定的滑转率 s_r,滑转率计算方法为

$$s_r = 1 - u_i / \omega_i r \tag{7.2}$$

车轮行驶过程中的移动速度始终保持在 0.72m/s,通过改变车轮驱动电机转速调整滑转率。当车轮以某一滑转率行驶时,六维力传感器可对轮胎三个方向的力以及三个方向的力矩进行采集。为便于安装以及与传感器相匹配,采用标准摩擦测试轮胎开展试验研究。试验过程如图 7.8 所示,车轮行驶一段距离后土壤上出现明显的车辙,六维力传感器完成了数据采集,对采集的数据进行筛选、平滑等处理后可得到车轮的牵引特性。

数据采集

车轮驱动电机

扭矩传感器

试验轮胎

轮辙

图 7.8　试验过程

试验过程中设置了 1170N、1285N、1424N 和 1607N 等 4 种载荷,每种载荷下车轮分别以滑转率 0.1~0.6 行驶,每次试验完成后导出试验数据并拟合处理,计算出每组数据的平均值作为数据点。仿真建模与试验的过程与第 5 章相同,建立了试验轮胎的仿真模型,土壤模型采用同样的沙壤模型,根据试验设置相应的输入载荷和滑转率,运行仿真后导出与试验条件相对的仿真数据,将不同载荷下的仿真与试验数据进行对比,牵引力数据对比如图 7.9 所示。通过 4 组数据的整体对比可发现,随着车轮垂直载荷的增加各种滑转率下牵引力均不断增大。4 组数据具有相同的变化特征:牵引力均随着滑转率的增大而增大,当滑转率由 0.1 增大至 0.2 时牵引力的增长幅度最大,然而当滑转率继续增大时,牵引力的增幅趋于平缓且增幅越来越小。仿真与试验的各组数据对比中,数值均较为接近,误差较小。车轮载荷为 1170N 时最大误差出现在滑转率 0.4 时,此时仿真数值与试验数值相差 17.3N,相对误差为 5.3%,其余 3 组数据的相对误差均小于 5.3%。仿真与试验的驱动力矩数据对比如图 7.10 所示,与牵引力变化类似,驱动力矩随着载荷的增加而增大,载荷一定时驱动力矩随着滑转率的增大而增大,滑转率较小时驱动力矩的增幅最为明显,随着滑转率的增大驱动力矩的增幅趋于平缓且增幅逐渐减小。驱动力矩的最大误差出现在载荷为 1607N、滑转率为 0.2 时,此时的相对误差为 3.4%。牵引力和驱动力矩的相对误差均小于 6%,说明了仿真与试验具有良好的一致性,因此可认为仿真过程较好地还原了试验过程,所建立的仿真模型具有较高的准确度。

试验中所用轮胎与无人平台所用轮胎有所差异,试验轮胎为光滑轮胎且尺寸更小。在试验轮胎的仿真模型中,所用土壤模型与第 5 章和第 6 章中的土壤模型相同,试验轮胎仿真结果与试验结果较好的一致性验证了土壤模型的准确性,进而也验证了第 5 章和第 6 章土壤仿真模型的准确性。基于准确的土壤模型,本节关于牵引性能的仿真试验具有较高的可信度,还可对当前的仿真试验研究进一步拓展和深入。为进一步优化仿真模型,后续研究中还需对目前的试验平台进行改造,搭建适用于大尺寸越野轮胎牵引试验的平台。

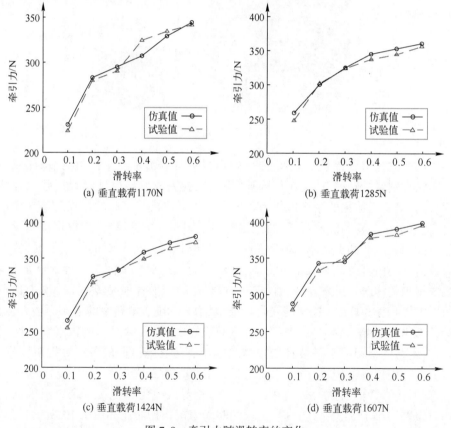

图 7.9　牵引力随滑转率的变化

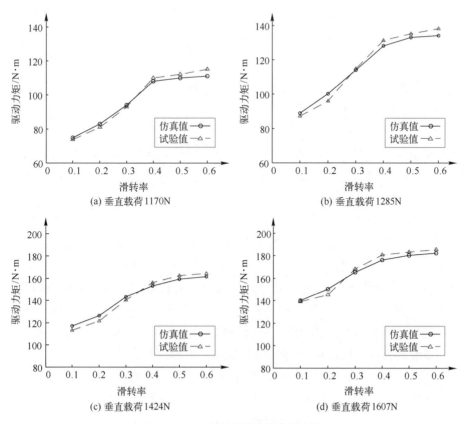

图 7.10　驱动力矩随滑转率的变化

7.3　小　结

　　本章对原理样机进行了越障试验,通过应用研究得出的构型变化策略,原理样机成功通过了 1m 高的台阶障碍和 1.5m 宽的壕沟,证明了构型变化策略的有效性和理论分析的准确性。越障冲击试验中对结构件所受应力进行了测试,校核了行驶系统关键结构件的强度。搭建了用于牵引性能测试的土槽试验平台,开展了牵引性能试验研究,试验数据和仿真数据较好的一致性验证了仿真模型的准确性,基于准确的仿真模型可拓展研究以弥补试验研究的不足之处。

致　　谢

博士 4 年,转眼之间就到了毕业的时候,回忆 4 年来的人和事让人感慨颇多,需要感谢很多人,感谢他们给予的帮助和指引,他们让我这 4 年成长很多,收获了很多。

徐小军教授作为我的导师,不仅在学业上给我提供了关键指导和帮助,在生活中也时常关怀。徐老师强烈的责任感深深感染了我,让我懂得责任二字的分量。学习上,徐老师不仅在研究方向和本书写作思路上提供了强有力的指导,而且时常劝导我不要心急,让我顺利度过了那段发不出本书的焦虑期。课题研究中,徐老师很少安排我们做教研室的琐事,让我们有大量的时间踏实地搞课题研究。生活中,徐老师温和的性格让学生可以畅所欲言,课题组内师生关系非常融洽,有徐老师这样的导师是我人生中的一大幸事。

感谢协助指导老师徐海军副教授在结构方案设计中提供的思路和指导,以及在本书撰写过程中提供的修改意见。认识海军老师 6 年,海军老师勤勤恳恳的工作态度、严谨的工作作风深深感染了我,让我明白在以后的工作中应该有的态度和作风。

感谢张湘副教授在生活中的关心和照顾,张湘老师对我们学生的关爱让我们在课题组感受到了家的温暖。感谢邹腾安老师和张雷老师,他们也是我的师兄,感谢他们在课题研究和科研工作中给予的热情帮助,这 6 年的相处过程中他们让我感受到了来自哥哥般的亲切。感谢高经纬教授在牵引性能研究中提供的指导,高老师扎实的学术素养让我钦佩。

感谢蔡彤工程师在工程设计中给予的大量帮助,感谢长安工业(集团)有限责任公司周喻工程师、陈杰工程师、赵为民工程师以及项目组中的其他工程师,感谢他们在样机研制和样机试验中的付出。感谢教研室的师兄师弟和师妹,和他们科研之余的聊天总能让人心情愉悦,感谢他们为教研室营造了一个轻松愉快的科研氛围。

感谢我的父母、妻子、女儿和妹妹,和睦的家庭总让我幸福感爆棚,感谢家人的陪伴和支持,家人的平安喜乐是我奋斗的动力源泉。

毕业在即,23 年的学生生涯终将画上句号,有期待也有不舍,是一段经历的结束也是人生新的起点。未来已来,将至已至,以梦为马,不负韶华!

王文浩
2020 年 10 月 22 日于长沙

参 考 文 献

[1] 石超,董超,吴帮普. 地面无人平台技术发展现状研究[C]. 地面无人平台技术发展论坛暨 2019 年年会学术论文集,2019:1-7.

[2] Marshal A C, Barry A B, Richard C. Assessing Unmanned Ground Vehicle Tactical Behaviors Performance [J]. International Journal of Intelligent Control and Systems,2011, 16(2): 52-66.

[3] Shoemaker C M,Bornstein J A. The Demo III UGV program：A testbed for autonomous navigation research [C]// Proceedings of the 1998 IEEE ISIC/CI RA/l SAS Joint Conference. Gaithersburg,MD,USA,1998: 644-651.

[4] https://en. wikipedia. org/wiki/Guardium.

[5] Liu X,Dai B. The latest status and development trends of military unmanned ground vehicles [C]//2013 IEEE Chinese Automation Congress. Changsha,Hunan,China, 2013:533-577.

[6] 李淳. 美俄地面无人平台装备体系发展现状与分析[C]. 地面无人平台技术发展论坛暨 2019 年年会学术论文集,2019:36-40.

[7] 张鹏,朱振雷,赵健. 地面无人装备平台发展路径探究 [C]. 地面无人平台技术发展论坛暨 2019 年年会学术论文集,2019:8-12.

[8] Zych N,Silver D,Stager D. Achieving integrated convoys：Cargo unmanned ground vehicle development and experimentation [C]//Unmanned Systems Technology XV. International Society for Optics and Photonics. Baltimore,Maryland,United States,2013:1-14.

[9] Roosevelt A. Lockheed martin SMSS aims toward program of record [J]. Defense Daily, 2013(6):10-17.

[10] 李楠,李晗. 军用地面无人平台现状及发展趋势研究[J]. 无人系统技术,2018,1 (2): 34-42.

[11] https://www. army-technology. com/projects/taros-v2-unmanned-ground-vehicle-ugv/.

[12] https://www. army - technology. com/projects/phantom - tactical - unmanned - ground - vehicle-ugv/(Phantom).

[13] https://www. armyrecognition. com/singapore_airshow_2018_latest_news/st_kinetics_unveils_its_jaeger_6_ugv_unmanned_ground_vehicle. html.

[14] 维奇. 国外无人地面车辆主要产品发展计划及产品重点[J]. 国外坦克,2010(3): 26-34.

[15] http://www. army-guide. com/eng/product2684. html.

[16] http://www.army-guide.com/eng/product5354.html.

[17] http://nove ri.Norinc ogroup.com.cn/art/2018/5/2/art_3729_104648.html,2017-10-21/2019-10-10.

[18] 梅占涛,潘轶菊,马宁,等.国内外地面无人平台发展动态、现状及趋势[C].地面无人平台技术发展论坛暨2019年年会学术论文集,2019:109-112.

[19] 郭启超,李纬航,杨世铎,等.国内外地面无人平台发展动态、现状及趋势[C].地面无人平台技术发展论坛暨2019年年会学术论文集,2019:46-51.

[20] http://www.army-guide.com/eng/product.php?prodID=5952&printmode=1.

[21] http://www.army-guide.com/eng/product5971.html.

[22] 闫清东,魏丕勇,马越.小型无人地面武器机动平台发展现状和趋势[J].机器人,2004(4):373-379.

[23] 王瑾.机器人兄弟总动员[J].兵器知识,2008(8):22-25.

[24] Smith J A,Sharf I,Trentini M. PAW:A hybrid wheeled-leg robot[C]//IEEE International Conference on Robotics and Automation,May,15-19,2006,Orlando,Florida,United States:IEEE,2006:4043-4048.

[25] Grand C,Benamar F,Plum F. Motion kinematics analysis of wheeled-legged rover over 3D surface with posture adaptation[J]. Mechanism&Machine Theory,2010,45(3):477-495.

[26] Leppanen I,Salmi S,et al. Work partner,HUT automation's new hybrid walking machine [C]//LAWAR'98 First International Symposium,Brussels,Belgium,26-28 November,1998:1123-1128.

[27] Sreenivasan S V,Wilcox B H. Stability and traction control of an actively actuated micro-rover [J]. Journal of Robotic Systems,1994,11(6):487-502.

[28] Tarokh M,Mcdermott G. A systematic approach to kinematics modeling of high mobility wheeled rovers[C]//IEEE International Conference on Robotics and Automation,April,10-14,2007,Roma,Italy:IEEE,2007:4905-4910.

[29] Tarokh M,Hoh D,Bouloubasis A. Systematic kinematics analysis and balance control of high mobility rovers over rough terrain [J]. Robotics &Autonomous Systems,2013,61(1):13-24.

[30] 陈云峰,邹丹.美国先进野外无人战车发展历程[J].轻兵器,2014(14):20-23.

[31] Anthony,B. John. The crusher system for autonomous navigation. AUSSIs unmaned systems North America [C]// Association for Unmanned Vehicle Systems International-Unmanned Systems North America Conference. Las Vegas,USA,2007:972-986.

[32] Bagnell J A,Bradley D,Silver D. Learning for autonomous navigation [J]. IEEE Robotics & Automation Magazine,2010,17(2):74-84.

[33] Kerbrat A. Autonomous platform demonstrator,Army Tank Automotive Research Development and Engineering Center,Rep 21395 Nov,2010.

[34] 彭利军,熊璐.差动转向六轮车悬架系统现状综述 [J].机械工程师,2016(4):1-4.

[35] https://en. wikipedia. org/wiki/Robattle.

[36] 孙振平. 地面无人作战平台应用与发展[J]. 国防科技,2013,34(5):12-16.

[37] 陈慧岩,张玉. 军用地面无人机动平台技术发展综述[J]. 兵工学报,2014,35(10):1697-1705.

[38] MAJ D. Brian Byers,Multifunctional Utility/Logistics and Equipment (MULE) Vehicle Will Improve Soldier Mobility, Survivability and Lethality [J]. ARMY AL&T, 2008:27-29.

[39] 张韬懿,王田苗,吴耀,等. 全地形无人车的设计与实现[J]. 机器人,2013,35(6):657-664.

[40] Rajesh R. 车辆动力学及控制[M]. 王国业,译. 北京:机械工业出版社,2018.

[41] Pacejka H. Tyre and vehicle dynamics [M]. Amsterdam: Elsevier,2005.

[42] 陈思忠,孟祥,杨林. 三轴汽车多轮转向技术研究[J]. 北京理工大学学报,2005,25(8):679-683.

[43] 屈求真,刘延柱. 三轴汽车前后轮转角输入时响应特性[J]. 汽车工程,1999,2:50-52.

[44] 喻俊红,郭孔辉,谢兆夫. 三轴汽车二十六自由度模型的建模与仿真[J]. 计算机仿真,2017(11):132-137.

[45] Williams D E. On the equivalent wheelbase of a three-axle vehicle. Vehicle System Dynamics [J]. 2011,49(9): 1521-1532.

[46] Williams D E. Generalised multi-axle vehicle handling[J]. Vehicle System Dynamics,2012,50:149-166.

[47] Watanabe K,Yamakawa J,Tanaka M,et al. Turning characteristics of multi-axle vehicles [J]. Journal of Terramechanics,2007,44:81-87.

[48] Jinquan Ding,Konghui Guo. Development of a generalised equivalent estimation approach for multi-axle vehicle handling dynamics [J]. Vehicle System Dynamics,2016,54(1):20-57.

[49] Bosch R. GmbH. Safety,comfort and convenience systems [M]. Hoboken: Wiley,2006.

[50] Shibahata Y,Shimada K,Tomari T. The improve of vehicle maneuverability by direct yaw moment control [C]// Proceedings of the International Symposium on Advanced Vehicle Control Yokohama,Japan,1992:452-457.

[51] Boada B L,Boada M J L,Diaz V. Fuzzy-logic applied to yaw moment control for vehicle stability [J]. Vehicle System Dynamic,2005,43(10):753-770.

[52] Canale M,Fagiano L,Milanese M,et al. Robust vehicle yaw control using an active differential and IMC techniques [J]. Control Eng Pract,2007,15(8):923-941.

[53] Khajepour A,Fallah M S,Goodarzi A. Electric and hybrid vehicles: technologies,modeling and control - a mechatronic approach [M]. Chichester,West Sussex: John Wiley,2014.

[54] Farazandeh A, Ahmed A K, Rakheja S. An independently controllable active steering

system for maximizing the handling performance limits of road vehicles [J]. Proc IMechE Part D: J Automobile Engineering,2015,229(10):1291−1309.

[55] Hori Y,Tsuruoka Y. Traction control of electric vehicle: basic experimental results using the test EV "uot electric march"[J]. Industry Applications,IEEE Transactions,1998,34 (5):1131−1138.

[56] 孙浩,杜煜,丁建文. 考虑轮胎力耦合约束的智能汽车轨迹跟踪控制算法[J]. 中国惯性技术学报,2019,27(6):804−810.

[57] 毛艳娥. 汽车 ABS 的滑模变结构控制研究 [D]. 沈阳:东北大学,2006.

[58] Kim J,Kim H. Electric Vehicle Yaw Rate Control using Independent In−Wheel Motor [C]//Power Conversion Conference,Japan: Nagoya IEEE Press,2007:705−710.

[59] Khatun P,Bingham C M,Schofield N,et al. Application of fuzzy control algorithms for electric vehicle antiloek braking/traction control systems [J]. IEEE Transactions on Vehicular Technology,2003,52(5):1356−1364.

[60] Tahami F,Farhangi S,Kazemi R. A Fuzzy Logic Direct Yaw−Moment Control System for All−Wheel−Drive Electric Vehicles [J]. Vehicle System Dynamics,2004,41(3): 203 −221.

[61] Yim S J,Yoon J−Y,Cho W−K,et al. An investigation on rollover prevention systems: unified chassis control versus electronic stability control with active anti−roll bar [J]. Proceedings of the Institution of Mechanical Engineers,Part D: Journal of Automobile Engineering,2011,225(1): 1−14.

[62] Mokhiamar O,Abe M. Active wheel steering and yaw moment control combination to maximize stability as well as vehicle responsiveness during quick lane change for active vehicle handling safety [J]. Proceedings of the Institution of Mechanical Engineers,Part D: Journal of Automobile Engineering,2002,216(2): 115−124.

[63] Her H,Suh J,Yi K. Integrated control of the differential braking,the suspension damping force and the active roll moment for improvement in the agility and the stability [J]. Proceedings of the Institution of Mechanical Engineers,Part D: Journal of Automobile Engineering,2015,229(9): 1145−1157.

[64] Yim S,Kim S,Yun H. Coordinated control with electronic stability control and active front steering using the optimum yaw moment distribution under a lateral force constraint on the active front steering [J]. Proceedings of the Institution of Mechanical Engineers,Part D: Journal of Automobile Engineering,2015,230(5): 581−592.

[65] Yu F,Li D F,Crolla D A. Integrated vehicle dynamics control−state−of−the art review [C]// 2008 IEEE Vehicle Power and Propulsion Conference,Harbin,People's Republic of China,3−5 September,2008:1−6. New York: IEEE.

[66] Soltani A,Goodarzi A,Shojaeefard M H. Vehicle dynamics control using an active third−axle system [J]. Vehicle System Dynamics,2014,52(11): 1541−1562.

[67] Soltani A, Goodarzi A. Developing an active variable-wheelbase system for enhancing the vehicle dynamics [J]. Proceedings of the Institution of Mechanical Engineers, Part D: Journal of Automobile Engineering, 2017, 231(12): 1640-1659.

[68] 陈欣, 陈建新, 秦万军, 等. 6×6 无人地面车辆越障性能仿真研究[J]. 汽车工程学报, 2014, 4(3): 180-186.

[69] 余志生. 汽车理论[M]. 北京: 机械工业出版社, 2009.

[70] 陈欣, 陈建新, 李联邦, 等. 6×6 特种无人地面车辆越障性能研究[J]. 汽车工程学报, 2013, 3(4): 251-261.

[71] 陈欣, 孙园园, 蒋美华. 高机动性多轴车辆越障性能分析模型研究[J]. 军事交通学院学报, 2010, 12(2): 54-57.

[72] 庄继德. 汽车通过性 [M]. 长春: 吉林人民出版社, 1980.

[73] 贺继林, 任常吉, 吴钪. 八轮四摆臂无人机动平台越障性能分析与试验[J]. 农业机械学报, 2019, 50(1): 367-373.

[74] M. Comellas, J. Pijuan, M. Nogués, et al. Influence of the transmission configuration of a multiple axle vehicle on the obstacle surmounting capacity [J]. Vehicle System Dynamics, 2014, 52(9): 1191-1210.

[75] Comellas M, Pijuan J, Nogués M, et al. Efficiency analysis of a multiple axle vehicle with hydrostatic transmission overcoming obstacles [J]. Vehicle System Dynamics, 2018, 56(1): 55-77.

[76] 魏道高, 宋军伟, 瞿文明. 考虑轮胎弹性的重型货车越障性能研究[J]. 汽车工程学报, 2019, 41(1): 75-79.

[77] George T, Vladimir V V. Wheel-terrain-obstacle interaction in vehicle mobility analysis [J]. Vehicle System Dynamics, 2010, 48(S1): 139-156.

[78] 庄继德. 汽车地面力学[M]. 北京: 机械工业出版社, 1981.

[79] 陈秉聪. 土壤—汽车系统力学[M]. 北京: 中国农业出版社, 1981.

[80] Bekker M G. Theory of Land Locomotion [M]. Michigan: The University of Michigan Press, 1956.

[81] Janosi Z, Hanamoto B. Analytical determination of drawbar pull as a function of slip for tracked vehicles in deformable soils [C]//In Proceedings of the 1st International Conference on terrain-vehicle system, Turin, Italy, 1961.

[82] Janosi Z, Hanamoto B. Analysis and presentation of soil-vehicle mechanics Data [J]. Journal of Terramechanics, 1965, 2(3): 69-79.

[83] Reece A R. Principles of soil-vehicle mechanics [J]. Journal of Terramechanics, 1965, 180(2): 45-67.

[84] Wong J Y, Reece A R. Prediction of rigid wheel performance based on the Analysis of Soil-wheel Stresses: Part I: Performance of Driven Rigid Wheels [J]. Journal of Terramechanics, 1967, 4(1): 81-98.

［85］ Wong J Y,Reece A R. Prediction of rigid wheel performance based on the analysis of soil-wheel stresses: Part Ⅱ. Performance of Towed Rigid Wheels ［J］. Journal of Terramechanics,1967,4(2): 7-25.

［86］ 彭莫,周良生,岳惊涛,等. 多轴汽车 ［M］. 北京: 机械工业出版社,2014.

［87］ 唐宏. 汽车轮胎在泥泞路面行驶过程三维有限元计算 ［D］. 武汉: 华中科技大学,2006.

［88］ 刘文武,胡长胜,陆念力. 用 ANSYS 分析工程车辆轮胎与路面接触的问题[J]. 中国工程机械学报,2012,10(3): 265-269.

［89］ 任茂文,韩卿,张晓阳. 采用 ABAQUS/Explicit 分析滚动轮胎与变形地面相互作用 ［J］. 现代制造工程,2012,X(12): 40-43.

［90］ Du Y H,Gao J W,Jiang L H,et al. Numerical analysis on tractive performance off-road wheel steering on sand using discrete element method ［J］. Journal of Terramechanics,2017,71: 25-43.

［91］ Du Y H,Gao J W,Jiang L H,et al. Development and numerical validation of an improved prediction model for wheel-soil interaction under multiple operating conditions ［J］. Journal of Terramechanics,2018,79: 1-21.

［92］ 郑祖美. 基于 GPU 并行的 DEM-FEM 方法研究及其在越野轮胎沙地行驶性能分析中的应用 ［D］. 广州: 华南理工大学,2018.

［93］ 徐卫潘,曾海洋,蒋超,等. 越野车轮胎卵石路面牵引性能有限元与离散元耦合仿真及试验验证 ［J］. 兵工学报,2019,40(9): 1961-1968.

［94］ Slade J L. Development of a new off-road rigid ring model for truck tires using finite element analysis techniques ［D］. The Pennsylvania State University,2009.

［95］ Xia K. Finite element modeling of tire/terrain interaction: Application to predicting soil compaction and tire mobility ［J］. Journal of Terramechanics,2011,48:113-123.

［96］ Yukio N. 不同路面条件下轮胎牵引性能数值模拟分析 ［J］. 轮胎工业,2009,2(29): 137-148.

［97］ Khot L R,Salokhe V M,Jayasuriya H P W,et al. Experimental validation of distinct element simulation for dynamic wheel-soil interaction ［J］. Journal of Terramechanics,2007,44:429-437.

［98］ Wakui F,Terumichi Y. Numerical simulation of tire behavior on soft ground ［J］. Journal of System Design and Dynamics,2011,5(3): 486-500.

［99］ Nakashima H,Takatsu Y,Shinone H. Analysis of tire tractive performance on deformable terrain by finite element-discrete element method[J]. J Comput Sci Techn,2008,4(2): 423-434.

［100］ Nakashima H,Takatsu Y,Shinone H. FE-DEM analysis of the effect of tread pattern on the tractive performance of tires operating on sand ［J］. J Mech Transport Log,2009,2(1):55-65.

［101］ Yoshida K,Shiwa T. Development of a research testbedfor exploration rover at Tohoku University［J］. Journal of space technology and science,1996,12(1)：9-16.

［102］ Shamah B,Apostolopoulos D,Rollins E,et al. Field validation of Nomad's robotic loco-motion［C］//Proceedings of the 1998 SPIE International Conference on Mobile Robots and International Conference on Mobile Robots and Intelligent Transportation System,Bos-ton,1998：214-222.

［103］ Apostolopoulos D S. Analytical configuration of wheeled robotics locomotion［R］. The Robotics Institute of Carnegie Mellon University Technical Report CMU -RI-TR-01-08, 2001:40-65.

［104］ Iagnemma K,Shibly H,Rzepniewski A,et al. Planning and control algorithms for enhanced rough-terrain rover mobility［R］. Pro. Of the 6th international symposium on artificial intelligence and robotics & automation in space,2001(6):18-22.

［105］ Iagnemma K,Dubowsky S. Terrain estimation for high speed rough terrain autonomous ve-hicle navigation［C］//Proc. SPIE Conf on Unmanned Ground Vehicle Technolgy Ⅳ,2002 (8)：343-351.

［106］ Brooks C A,Iagnemma K,Dubowsky S. Visual wheel sinkage measurement for p1anetary rover mobility characterization［J］. Autonomous Robotics,2006(21)：55-64.

［107］ 邹猛. 月面探测车辆驱动轮牵引性能研究［D］. 长春：吉林大学,2008.

［108］ 陈斌. 基于模拟月壤的轮壤关系研究［D］. 长春：吉林大学,2010.

［109］ 丁亮. 月/星球车轮地作用地面力学模型及其应用研究［D］. 长春：吉林大学,2009.

［110］ Shinone H,Nakashima H,Takatsu Y,et al. Experimental analysis of tread pattern effects on tire tractive performance on sand using an indoor traction measurement system with forced-slip mechanism［J］. Engineering in Agriculture,Environment and Food,2010,3 (2):61-66.

［111］ Sandu C,Taylor B,Biggans J,et al. Building an infrastructure for indoor terramechanics studies：The development of a terramechanics rig at virginia tech［C］//proceedings of the 16th International Conference of the International Society for Terrain Vehicle Systems (ISTVS),Turin,Italy；2008(30):9-12.

［112］ 陈家瑞. 汽车构造［M］. 北京：机械工业出版社,2009.

［113］ 余淼. 汽车磁流变半主动悬架控制系统研究［D］. 重庆：重庆大学,2008.

［114］ 拉杰什. 车辆动力学及控制［M］. 北京：机械工业出版社,2017.

［115］ Guldner J,Tan H,Patwardhan S. Analysis of automatic steering control for highway vehicle with look-down lateral reference systems［J］. Vehicle System Dynamics,1996,26 (4):243-269.

［116］ Thomas G,Vantsevich V V. Wheel-terrain-obstacle interaction in vehicle mobility analysis［J］. Vehicle Systems Dynamics,2010,48(1)：139-156.

[117]   Wong J Y. Theory of ground vehicles[M]. New York :John Wiley & Sons Inc,1993.

[118]   张克健. 车辆地面力学 [M]. 北京：国防工业出版社,2002.

[119]   Gao H B,Guo J L,Ding L,et al. Torque distribution influence on tractive efficiency and mobility of off-road wheeled vehicles [J]. Journal of Terramechanics,2013,50(5-6)：327-343.

[120]   Bekker M G. Introduction to Terrain-vehilce systems [M]. Michigan：The University of Michigan Press,1969.

[121]   Hertz H. On the contact of elastic solids [J]. J Reine AngewMath,1882,92：156-171.

[122]   Mindlin R D . Compliance of Elastic Bodies in Contact[J]. Journal of Applied Mechanics,1949,16:259-268.

[123]   张锐,韩佃雷,吉巧丽,等. 离散元模拟中沙土参数标定方法研究 [J]. 农业机械学报,2017,48(3)：49-56.

[124]   Walton O R,Braun R L. Stress calculations for assemblies of inelastic spheres in uniform shear [J]. Acta Mechanica 1986,63：73-86.

(a) 平直路行驶

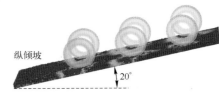

(b) 20°纵倾坡行驶

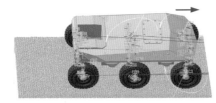

(c) 15°侧倾坡行驶

图 5.7　不同行驶工况的耦合模型

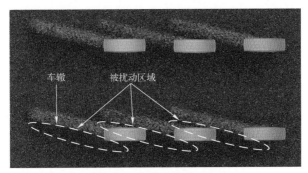

图 5.11　沙壤侧倾坡车辙

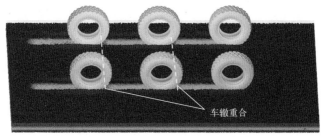

图 5.15　2.5s 时平坦黏土路面车辙

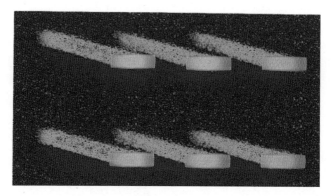

图 5.18　15°侧倾坡黏土路面行驶轨迹

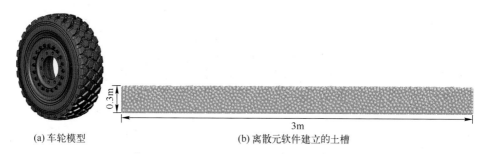

(a) 车轮模型　　　　　　　　　　(b) 离散元软件建立的土槽

图 6.9　轮胎与离散元仿真模型

图 6.10　车轮耦合仿真

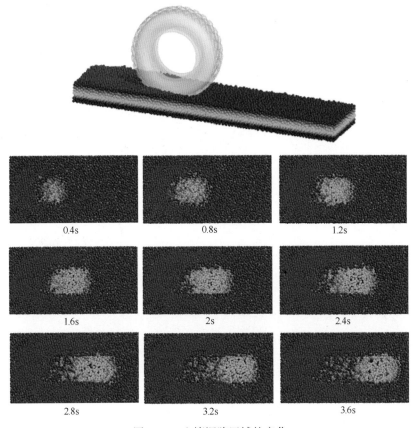

图 6.12 土壤沉陷区域的变化

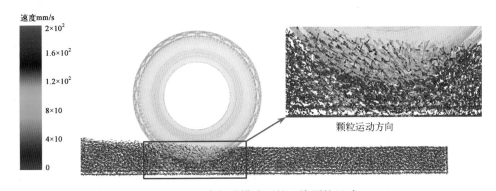

图 6.13 正常行驶模式下的土壤颗粒运动

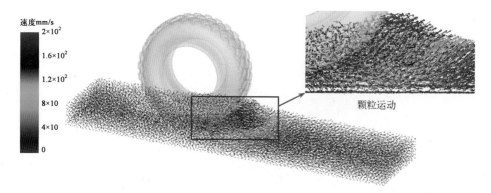

图 6.16　轮步行驶模式下的土壤颗粒运动

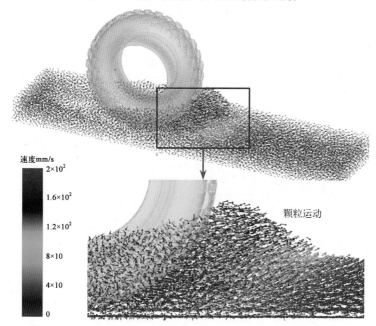

图 6.18　优化后轮步行驶模式下的土壤颗粒运动(载荷 5000N)

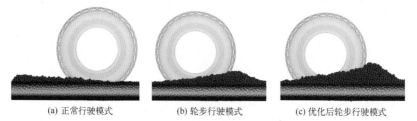

(a) 正常行驶模式　　　　(b) 轮步行驶模式　　　　(c) 优化后轮步行驶模式

图 6.20　3 种模式下的土壤堆积

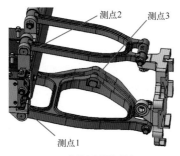
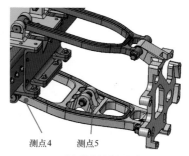

(a) 前轴左侧悬架测点   (b) 中间轴左侧悬架测点

图 7.4 悬架应变测点位置